INTERIOR ELEVATION

室內立面材質設計聖經

造型設計 × 混搭創意 × 工法收邊
頂尖設計師必備

漂亮家居編輯部 —— 著

Contents
目錄

1

緒論——
立面設計背後的思考

剖析立面設計 Q&A

剖析立面設計 Q&A

　　立面設計，根據字面上的涵義最直接聯想到的就是牆面，但立面可不是只有牆面這麼單一化的選擇，透過櫃體、傢具、玻璃輕隔間，只要是空間的界定都可稱為立面的一種。因此，如何運用創意和風格創造空間的界定，將是設計師的挑戰。

　　不同設計師針對立面都會有自己喜好的設計模式，可能是從實際的功能面去切入，可能是從居住者的使用層面考量，也可能是從材質層面思考如何結合異材質，因此，漂亮家居編輯部特別採訪亞菁室內裝修藝術總監陳鎔、本晴設計連浩延老師、相即設計總監呂世民，請三位根據自身經驗，提供新進設計師與未來希望轉職為設計師的人一些思考依據和方向。

1

進行立面設計時，設計師需要考量哪些要素？

　　立面設計對空間來說，可能是隔間、端景牆等功能，規劃構思之前可從以下四點進行思考：

1.功能性

　　所謂「形隨機轉」，就是設計的形式要符合使用機能，並且根據功能性來設計立面。它可能不只是一面可供展示的牆，而是一個連接天與地的機能櫃體，或者結合其他設備的電視牆，讓立面具有多工整合的優勢，以功能來決定造型設計。

2.風格與構圖

　　一個空間必須考慮整體性和協調性，現在很多屋主會上網搜尋漂亮的立面圖片，希望設計師將每一面牆打造出不同的樣貌，然而，當四個風

圖片提供__本晴設計

格不一的立面拼接起來反而導致過度設計、也過於雜亂。亞菁室內裝修藝術總監陳鎔認為，不用做過度的設計，將重點集中在軟裝與擺飾，讓立面變成綠葉，營造風格的整體性。

　　不過，本晴設計連浩延老師則有不同的看法，因任何一種風格都有退流行的時候，因此他反而更加看重材質的物理性格，而非將風格作為主要的設計考量。

3.材質

　　本晴設計連浩延老師認為，立面的材料非常重要，他會盡可能讓天（天花板）、地（地板）、壁（立面）的材料統一，甚至全部使用水泥，著重於讓單一材料產生多樣性的變化，而非以多種材料去混搭。另外，相即設計總監呂世民表示，立面材質還需要考量安全性、尺寸限制、厚度、吸音性。

　　亞菁室內裝修藝術總監陳鎔提到，最單純的立面材質就是上塗料、貼壁紙，除此之外，選用其他材質得注意材料拼接的問題。舉例來說，在3D立體圖看似完好平整的牆，實際上會有拼接線，因為一塊板材尺寸是120X240公分，一面牆遠大於板材的尺寸，如何解決拼接材質時所產生的瑕疵感，為材質拼接線選擇最適當的位置，解決屋主想不到的設計難題，就是設計師要做的事。

4.以人為本的設計理念

　　男女老幼對於居住環境會有各自不同的疑慮，所以設計師需要考慮居住在空間內部的所有人希望達成的需求，像是避免環境出現尖銳的細節，或是擔心設計美觀的立面不容易清理，因此，建議在手可能會觸碰的地方須選擇好清潔、好保養、耐衝擊的材質。

2　如何讓立面設計與空間、環境結合？

　　亞菁室內裝修藝術總監陳鎔認為，立面大致上分為兩種，一種是固定不動的背牆，必須考慮到天、地、壁這三個點的結合與配色，而做比較安定和諧的設計，儘量搭配空間中的傢具配飾，讓屋主有自己佈置的機會，而不是每買一樣軟件之前都要詢問設計師，擔心破壞居家的立面設計，形成不協調的搭配。

　　另一種是隔屏類的立面，可能是半穿透、半開放的，甚至是活的，以半虛半實的牆當作空間與空間的區隔，像是線簾。這一類型的立面，同樣須考量天、地、壁之間的關係，但因為不是死板固定的，反而能透過設計手法讓立面呈現多元的視覺效果，甚至能隨著人在行進間看到不同層次的線條變化。

　　本晴設計連浩延老師表示，立面是更清楚表達室內與環境之間的對話，例如思索空間與光線之間，若過濾光線的材料有所不同，則會呈現很不一樣的空間感，住進去的人將可以細細地體驗空間，而非僅是匆匆走過，好的立面會讓人駐足停留，否則將與廣告看板大同小異。

圖片提供__相即設計

3　　在設計中，如何掌握立面與人的關係？

亞菁室內裝修藝術總監陳鎔認為，丟掉本位思考，多替別人著想，考慮到各種性別、年齡層的需求，就能找到通用的立面設計。近幾年來，居家健康的議題逐漸興起，人們開始知道室內會有環境荷爾蒙、甲醛、TVOC等化學揮發物，也開始注重居家照護，考量安全因素，在立面上不做無謂的設計，有些設計師考量銀髮族夜間如廁的需求，甚至做內凹的輔助牆，讓他們可以當作安全扶手使用。因此，「以人為本」來思考設計的話，就會產生有別於以往的創意。舉例來說，若是業主比較注重隱私，可以在穿透性高的立面上用不透明的材質混搭，營造半穿透的設計，該開放的地方開放，該封閉的地方封閉。

圖片提供＿相即設計

4　　預算不高時，如何規劃立面設計？

亞菁室內裝修藝術總監陳鎔表示，最便宜的方式就是上塗料、貼壁紙，但是如果你能發揮創意，再結合業主的職業或興趣發想，能規劃很多不同的立面設計，尤其是商業空間能規劃的形式更多。用別人不敢用、沒有想像到的材質當作活動的區隔立面，像是咖啡麻布袋搭配夾板、報紙鋪牆面再上EPOXY做保護固定、洗衣板做任意拼貼、洗乾淨的九孔殼……等，平時把蒐集而來的小東西用創意集合在一起，未來可能就是立面設計的元素。相即設計總監呂世民認為，利用顏色、軟裝、掛鉤，以自身的美感去創造立面，也是很棒的方式。

5　　　　　　　小坪數的空間，還適合做立面設計嗎？

　　小坪數的家首要先去思考的就是如何放大空間，而放大空間最好的方式就是在不需要有功能的地方運用鏡面。在牆壁利用暗色、寒色系，天花板與地面用亮色系或白色系，因為暗色是退後色，可以讓空間變大；反之，在小坪數的房子立面用白色的話，則會讓空間有擁擠、壓迫感。另外，小坪數的家更要做有收納功能的立面設計，想辦法增加高處的收納量。

6　　　　　　　哪些地面材質也適合用在立面？怎麼去變化？

　　除了浴室以外，所有的地面材質都可以拿來當作立面材質，但立面材質則不一定能當作地面設計。尤其是商業空間最適合以地面材質當立面，不僅耐髒又耐磨，有些設計師會直接從地面延伸到立面，做L型的設計，甚至運用影像建材讓地面以相同花紋連接到天花板空間，產生放大效果。目前最便宜的地面材質應該就是塑膠地板，可以做到好清潔、好保養、耐衝擊等效果。

圖片提供＿相即設計

7　　　　　　　平時該如何透過日常生活訓練立面思考？

　　亞菁室內裝修藝術總監陳鎔建議，每當走進任何空間內，開始觀察空間的四個立面，以門口為界，把空間剪開來攤平，這樣一來，四個立面就攤平成一大塊長方形，把四個立面當作是一個整體平面來思考，如果設計看來是和諧、延續的，就可以繼續設計。相即設計總監呂世民則建議，攝影、拍照是最直接的訓練方式，觀察空間的天地比例、光線明暗、以及材料的組合拼接，只要不斷進行立面思考訓練，就會有進步。

2 | 好想展現出眾質感
石材

Part1
認識石材

圖片提供＿橙白設計

一般而言，岩石依其生成方式，可分為火成岩、沉積岩及變質岩三大類，而建築石材的分類，主要概分為火成岩類的花崗岩、玄武岩、安山岩，沉積岩類的石灰岩、白雲岩、砂岩，變質岩類的大理石、蛇紋石等。

要使用及設計石材立面，首先要了解石材的物理及化學物性，才能做好正確的應用及設計。石材裝飾特性的優劣，主要取決於石材的顏色、表面紋路、光澤等，不應有影響美觀的氧化汙染、色斑、色線等雜質存在。挑選石材的立面風格時需要考量的有以下幾點：

☑ **1 表面紋路**　顏色、花紋須美觀一致，其內部應不含熱膨脹係數大的成分，以避免石材內部應力集中而產生裂紋，不宜有導熱及導電率過高之成分潛藏其中，造成危險。

☑ **2 光澤**　石材的光澤取決於組成之礦物所呈現的光澤，光澤度除與礦物組成及岩石的結構有關之外，也和加工後石材鏡面的平整度、組成鏡面顆粒的細度及加工時表面上發生的物理化學反應有著密切關係。

☑ **3 色澤**　石材的色澤是指岩石中各種礦物對不同波長的可見光，選擇性的吸收和反射，而以各種絢麗的色彩呈現出來。石材色澤主要分為「淺色」與「深色」兩類，淺色礦物有石英、長石、似長石等；深色礦物通常含有鐵、鎂，如雲母、輝石、角閃石等。

從低調中看見奢華
01 大理石

| 適合風格 | 現代風、古典風
| 適用空間 | 客廳、餐廳
| 計價方式 | 以才計算，1才為30X30公分
| 價格帶 | NT.350 ～ 1000元以上／才（不含施工）
| 產地來源 | 義大利、大陸、東南亞、台灣

圖片提供__相即設計

材質特色

大理石乃因造山運動而形成的石材，莫式硬度約3度左右，硬度雖然沒有花崗石高，但比起石英磚、磁磚都來得硬，不論鋪設在地面或壁面皆可。它本身有毛細孔，一旦與水氣接觸太久，水氣就會滲入石材，與礦物質產生化學變化，造成光澤度降低，或是有紋路顏色加深的情形出現。優點為紋路多變、質感貴氣，缺點為有汙漬難清理，保養不易。若是希望立面為古典、奢華風，選用大理石是最恰當的呈現方式。

種類有哪些

大理石可分為淺色系、深色系，以及水刀切割而成拼花大理石，淺色大理石在養護上需要比深色大理石更為費心，而深色大理石的吸水率相對較低，防汙效果較好。拼花大理石包含花卉、幾何圖案……等，圖案富變化，可依喜好選擇。

挑選方式

可依照居家風格與需求做選擇，選擇適合的大理石種類。單色大理石則要求色澤均勻、圖案型大理石則儘量挑選圖案清晰、紋路規律者為佳。觀察石材外表是否方正，取材率就較高，同時石材本身密度高的，亮度與反射程度也較好，品質較高。可用硬幣敲敲石材，聲音較清脆的表示硬度高，內部密度也較高，抗磨性較好、吸水率較小，若是聲音悶悶的，就表示硬度低或內部有裂痕，品質較差。

圖片提供＿相即設計

戶外立面最佳石材
02 花崗石

| 適合風格 | 古典風、鄉村風
| 適用空間 | 廚房、衛浴、陽台
| 計價方式 | 以才計算，1才為30X30公分
| 價格帶 | NT.200 ～ 400元／才（不含施工）
| 產地來源 | 大陸、印度、南非

圖片提供__浩室空間設計

材質特色

花崗石為地底下的岩漿慢慢冷凝而成，由質地堅硬的長石與石英所組成，莫氏硬度可達到5～7度。其中，礦物顆粒結合得十分緊密，中間孔隙甚少，也不易被水滲入。吸水率低、硬度高、質地堅硬緻密、抗風化、耐腐蝕、耐磨損，美麗的色澤還能保存百年以上等種種特性，使得花崗石的耐候性強，能經歷數百年風化的考驗，建築壽命比其他石材長得許多。但從設計上來看，比起大理石，花崗石的花紋變化較單調，缺乏大理石的雍容質感，因此難以成為空間的主角。它的色澤持續力強且穩重大方，比較適合古典風格和鄉村風格。

種類有哪些

花崗岩石材按色彩、花紋、光澤、結構和材質等因素，分不同級次。台灣經濟部礦物局將花崗岩分為黑色系、棕色系、綠色系、灰白色系、淺紅色系及深紅色系六類。現今市售的花崗石主要產於南非與大陸等國，台灣目前所有花崗石礦均仰賴進口。花崗石十分適合作為戶外建材，大量用於建築外牆和公共空間。

圖片提供__浩室空間設計

挑選方式　　　　依顏色區分可分為深紅色、淺紅色、灰白色、黑色、綠色、棕色
等，先從喜歡的花崗石顏色來選擇，再觀察花崗石的表面結構，
若有一些裂縫或細紋，就要先行淘汰。此外，可以敲擊石材確認
內部結構緊密均勻。

讓家有大自然的況味
03 板岩

圖片提供＿橙白設計

| **適合風格** | 美式風、鄉村風
| **適用空間** | 客廳、餐廳、書房、衛浴、陽台
| **計價方式** | 以平方公尺計價
| **價格帶** | NT.1500 ～ 2500元／平方公尺
| **產地來源** | 大陸

材質特色

板岩的結構緊密、抗壓性強、不易風化、甚至有耐火耐寒的優點。早期因為板岩加工不多，其特殊的造型較少運用於室內，反而被廣泛運用在園林造景、庭院裝飾等，展現建築物天然的風情。但近年來石材的運用日漸活潑，板岩自然樸實的特性，也成為許多重視休閒的人所接受。

板岩的吸水率雖高，但揮發也快，很適合用於浴室，防滑的石材表面，與一般常用的磁磚光滑表面大不相同，有種回歸山林的自然解放感，觸感更為舒適。

種類有哪些

板岩一般以顏色與表面處理方式區分，顏色可以分為黃板岩、綠板岩、鏽板岩、黑板岩，各種類依照礦物質含量不同而有天然色差，依表面處理方式可分為蘑菇面、劈面、幾何面、自然面、風化面。一般來說，自然面與風化面較常用於戶外或建築外牆，而紋理較細緻的蘑菇面與劈面較常用於室內。

挑選方式

先考量空間與家庭成員的需求後再挑選。板岩適合鋪在浴室的地、壁面，其防滑且易吸水的特性，再加上粗獷天然的風格，可營造如度假般的悠閒感。但因板岩易吸油，則不適合鋪在廚房等易生油煙的地方。板岩的厚度不一，鋪設起來較不平整。家裡若有老人或小孩，則較不建議鋪設在室內地板上，以免發生危險。

圖片提供__橙白設計

紋理特殊極具質感
04 洞石

| **適合風格** | 各種風格均適用
| **適用空間** | 客廳、餐廳、書房、臥房
| **計價方式** | 以片計價（人造洞石）
| **價格帶** | 約NT.3950～4600元／片（人造洞石）
| **產地來源** | 義大利、西班牙等歐洲國家。

圖片提供__富億空間設計

材質特色

洞石是因表面有許多天然孔洞，展現原始的紋理而得名。一般常見的洞石多為米黃色系，若參雜其他礦物成分，則會形成暗紅、深棕或灰色洞石。其質感溫厚、紋理特殊，能展現人文的歷史感，常用於建築外牆。

洞石又稱石灰華石，為富含碳酸鈣的泉水下所沉積而成的。在沉澱積累的過程中，當二氧化碳釋出時，而在表面形成孔洞。因此，天然洞石的毛細孔較大，易吸收水氣，若遇到內部的鐵、鈣成分後，較易形成生鏽或白華現象，在保養上須耐心照顧。

種類有哪些

不同的礦物成分和沉積層深淺，會使洞石呈現不同的色系，略可分為較易開採的米黃色洞石，以及位於較深的地層，硬度比米黃色洞石高的灰色、深棕色洞石。目前也研發出人造洞石，淬取洞石原礦，經過1300℃的高溫鍛燒後，去除內部的鐵、鈣，保留洞石的原始紋路，但卻更加堅硬，經燒製後密度較高，莫氏硬度可高達8。表面雖無原始的孔洞，但經過拋光研磨後亮度可比擬拋光石英磚。不過，人造洞石的自然度比不上天然石材。

圖片提供__富億空間設計

挑選方式　　　　　選購前，事先評估商家的品牌與商譽是否有保障，另外，也可以
從產地來判斷，品質較高的天然或人造洞石多為歐洲國家進口，
像是義大利、西班牙等。

Part2
經典立面

引光入景間
驚豔石材有大美
隨光輝映中 石紋搖曳生姿態

空間面積｜330坪　主要建材｜古堡灰大理石、鋼刷木皮、烤漆、鐵件、磐多魔、波龍、木地板、岩板

文 詹玲鳳 nunu
空間設計暨圖片提供 森境＋王俊宏室內設計

← 最美的端景，線與面間的黃金比例　視角從遠中近的關係中解析出點到線、再到面之間的優雅比例。在黑線構成與白底鋪陳間，帶出粗細與黑白的對比力度，黑色細線以反差營造出輕盈的優雅，白色石面以明亮的色感隱藏住石材的厚重視感。

↑ 以挑高軒昂劃出氣度，雕刻白對比鏤空黑刻劃優雅　挑高軒昂的大宅氣度躍然於眼前，主牆面由頂而下的雕刻白大理石，襯著黑色鏤空線型巨幅吊燈，成為大廳中最乾淨奪目的風景。電視牆面以黑白對比色配搭，貫穿二樓層作出氣勢，周圍一派的灰白調系更襯托出白色大理石的優美，讓之躍升成為廳中主角。

← 運用格柵、錯層等手法，界分出區域間的隱形藩籬　延續交誼生活的樂趣，大空間以直通式場域打造。雙廳以木格柵作透視分界，品茗與品酒座談區則利用高低錯層拉出視野分界。其中以各式傢具展現著或古典優雅、或現代幾何等多元線條，豐富各區域層次。

作品基地樣貌為雙拼大別墅格局，在空間條件上更顯得有恢弘大器姿態。設計師掌握其空間在氣勢條件上的優勢，大方俐落地以石材裝置作為空間視覺主角，鋪陳出色韻濃淡合宜，質地洗鍊如玉的風華美學。石材滿載大地千百年淬鍊的自然能量，植入這棟以光來雕琢生活動線的大宅豪邸中。

自然天光於基地兩側並行引入，宅邸空間佶大，格局規劃上特意保留住場域間的通透性，讓光與空氣等自然力能產生共鳴，亦使雙側光源在維持互透明亮的同時，使石材面能隨時與光線交相互映，加深空間視感中自然石紋所散發出的原質與光澤。

宅邸動線由下至上區域分明。地下室為迎賓功能並俱的社交區域，石材鋪陳以展現大氣為主軸，石面在霧金與灰白的穿梭中，營造出一種沉穩的韻味。轉折而上，進入客餐廳公領域，大宅氣度以挑高軒昂的氣勢躍然於眼前，主視覺為主立面由頂而下的雕刻白大理石，也是大廳中最乾淨奪目的風景。四周一派的灰白調系，從清水模壁，到灰透紗簾，再配以灰色沙發等，都只為襯托主牆的白，讓之躍升成廳中主角。梯間壁面以雲紋大理石材作分割拼貼，對比公領域中其他大面積石材以對紋方式表現，更多了線性間的錯落與趣味質感。

整體空間線條無論是在立面的構成上或傢具的選配上，都展現出乾淨俐落的線性比例之美，絲毫無礙石材於整體空間中如畫作般的展演表現，將視覺美學的主從關係鋪陳地分庭有序，充分演繹出空間該予人的舒適情境。

← 引天光入邸，光透如秀，隨時序展演著　透過天窗，自然光源被巧妙引入地下樓層的宴客廳中，當均勻溫和的光晝映照於石材面上時，白灰色的卡拉拉更顯著生動，也進而模糊了身處於地下室的感知。

→ 步步拾階享有天井光，天地壁滿載霧金色系營造低調大氣　蜿蜒而上的梯間享有自然天井光照，梯間天地立面以霧金系石材分割重組後，鋪陳出低調內斂的大氣風采。壁面扶手以簡約內嵌鐵件配搭人工光源拉出動線線條，外側扶手以透玻營造低調視感，為石材成為主視覺，使整體配置有了主從之分。

↑ 將石材的大氣雕刻進生活節奏裡　隨著優雅的步移景異，一幅幅如畫的大理石風采，照亮了空間每一處端景。如玉石般，質清脆而光幽靜，帶著曖曖內含的光華，空間閃耀著文人氣韻。迎賓以對稱的氣闊視野，為豪邸序曲拉開序幕。

← 主題材的對調配置，以均色美學放大空間氣質　延續莫蘭迪色的熱度，以均灰質色的磐多魔面處理地壁，讓空間產生一致的均質，帶著乾淨無瑕的色溫，讓餐桌椅以主角姿態進駐端景畫面裡，放大以扇形鑲嵌圍繞的卡拉白石材為桌面的細膩質感，刻劃細節倍緻。

↑ 天窗引光的自然美好，活化了生活動靜間的節奏　二樓的廊道是串連起公私領域的分界，舉頭望自天窗處引入的日光，行走動靜間踏過灑落於地的光影，享受美好的生活氛圍。廊道與天光交會落於整牆面的開放式書櫃旁，對向風景是從二樓頂躍然而下於廳的線構型透視大吊燈，生活風景隨處可賞。

↗ 以安然有序的融洽氛圍，展開交誼廳裡的美好故事　宴客區以開放式姿態，在通透大空間裡鋪陳著交誼廳所需的多功能，可供用餐、品茗、品酒、聊天等互動。交錯的端景以木質立面和石材立面互為配搭，帶著清新安逸的融洽氛圍。

石材流行趨勢

1. **莫蘭迪色系風潮。**石材流行趨勢方面，白色系石材依舊不退熱度繼續流行當道著。另受到市場上莫蘭迪色系風潮熱度持續發燒，設計師在選配石材色系的表現上，依然處處可見莫蘭迪灰系所散發出迷人且均質的協調配搭。

2. **流行的石材紋理較往年來看更具有細膩性的展現。**不再只是卡拉拉等經典樣式就能滿足消費市場，較奔放走向的紋理或色感強烈的風格產品，都在石材流行界裡越來越受到關注。

3. **石材的一致性。**在今年的石材配置上，多處可見大空間場域僅用 1～2 款石材作鋪貼，充分展現數大即美的一致性美感，也放大視覺上的震撼規模，彰顯出石材大氣風範的本質。

Part3
設計形式

石材依著本身的天然特性與自成美感，贏得古今的愛好與青睞，將之雕磨成裝飾材或生活建材與傢具所需。在人類漫長的美學歷程中，將大理石材廣泛應用於建築展現上，其大器萬千或巧奪天工等多樣，早已屢見不鮮。現代文明在美學與奢華上的追求，較趨向以便利簡潔來詮釋濃厚色彩的裝飾性，並且更加重視在多元國情與風格的混搭上，樹立出屬於自身獨特性的裝飾風格，以下就來介紹應用石材於室內立面的造型工法與搭配方式。

造型＆工法

石材的立面美學來自於視覺導向下，合併機能設計後的評估。找出與室內氣質最能相輔相成的石材面，讓天然石材本身的質地能優化感染室內生活的氛圍，帶出具獨特性的主視覺美學。石材本身散發出的氛圍即能自成視覺故事，再經過設計思維的巧妙應用後，多以造型拼貼法，或形隨量體機能的延伸，來展現各種造型與工法。

圖片提供＿品納設計

石材工法

01 船型溝異型加工

以挑高樓層的大立面氣勢，
運用大面石材加深豪邸的景深氣
度。安格拉珍珠石的灰白雲紋細膩
氣質，襯托起靜謐典雅的大空間架
構。

圖例中的石材以大面拼接工法
劃出格局，船型溝加工拉長室內線
條，使空間更有挑高視覺感。從畫
面左上方的格柵間隙看出去，層次
在遠中近的距離中產生典雅的縱橫
交錯。

圖片提供＿森境＋王俊宏室內設計

Methods

施工 Tips

1. **以「金屬掛件」施工。**在總高度與寬度皆超過5公尺的大型牆面上，石材總
   片數被分割成125片，並以乾式工法「金屬掛件」施工。
2. **選用乾式工法。**因石材表面以「船型溝異型加工」劃出直向性溝槽導線，
   異型加工部分為加深凹凸面質感，以6公分厚度的石材施工，故重量相當沉
   重。乾式工法能克服重量的乘載，且比濕式工法用水泥為介質更有乘載力
   度，也更不易因水泥裡的石灰質釋放，而造成石材日後在色澤與表理上的
   異變。

石材造型
02 分割並置

　　圖例中，採用了整塊水墨紋理的天然大理石，以分割並置的方式拼貼在一起，營造出一種穩重大器，品味高雅的視覺感受。在紐約紐約白大理石上，延續著獨特韻味的紋路，其層次豐富細緻，有如不畏寒冬綻放於白雪裡的梅枝。

　　以中式筆墨展現揮灑奔放，抽象式的水墨表情豐富構築於立面表現上，在白底與墨線間呈強烈對比樣貌。石材面以荷蘭畫家蒙德里安的原創分割比例展現，在直橫寬窄的層次細節中將石材的本質襯托得更有視覺力度。另外，在石材立面點綴霧金色桌面，將比例拉伸得更有協調感，質感也更為細膩。

施工Tips

1. **先切割，再拼貼。**以石材規劃出各種大小比例後，進行切割，再依序以視覺比例作層次拼貼。
2. **事先對紋規劃。**石材上的花紋表現，須事先經過縝密的對紋規劃，使紋路方向是協調的。
3. **注意銜接處的精準度。**以凹凸落差表現導線視覺，須注意落差處與表面的對紋在銜接處的精準度，使視覺延伸協調。

圖片提供__惹雅設計

石材造型
03 人字直角

圖例中，以趣味的直角，讓石材在曲折間延續著。正看倒看都是呈現「人」字型的拼貼法，較為費工的是以石材來切割成一塊塊的長方形狀後，再以直或橫式依著人字方向序列作拼貼，呈現一致性的重複趣味之美。

此外，石材本身就有不規則的紋路特質，在每塊質面的拼貼並置下可將深深淺淺或紋路走向展現得更有獨特性，也加深工法的視覺性。

圖片提供＿工一設計

Methods

施工 Tips

1. **事先規劃視覺呈現。** 依材質的色澤與紋路表現，規劃視覺呈現、鋪貼範圍，以及直角曲折的數量。
2. **以中心線為基準鋪貼。** 人字中心點依中心線為基準，依序疊合鋪貼完成。
3. **將收邊處的填空面積計算進去。** 人字貼、魚骨貼等工法較耗損材料，故施作前須規劃計算好用料，收邊處的填空面積也須計算進去。

圖片提供＿工一設計

石材造型
04 魚骨交錯

圖例中，乾淨細膩的均勻山型，形成立面上最美的手工風景。魚骨貼類似人字貼法，差別僅在於把每片長方形的頭尾切成斜角後，以中心線左右兩邊對齊鋪貼，類似魚骨頭均勻地散佈而得名。魚骨貼的角度小於人字貼，其構成型態在行列間整齊劃一，視覺上更顯得細膩而優雅。

Methods

施工 Tips

1. **規劃石材的視覺呈現。**依材質的色澤與紋路表現，規劃視覺呈現、鋪貼範圍、以及曲角的數量延伸。
2. **以中心線為基準鋪貼。**施作魚骨貼工法時，依魚骨中心線為基準，依序向左右對稱鋪貼。
3. **事先計算用料。**人字貼、魚骨貼等工法較耗損用材，故施作前須規劃計算好用料，頭尾的收邊處填空也須計算進去。

圖片提供＿理絲室內設計

圖片提供＿理絲室內設計

石材造型

05 切片堆疊

一般大理石在設計時，會以整片平面來思考。在本圖例中，設計師將銀狐大理石切割成細長條狀，層層堆疊成半圓的弧，將方形的電梯間置入圓形的元素，希望做出白色裙襬般的層次感。條狀的大理石以亂花形式將耀眼的銀灰紋理，在片片的層次間舞動開來。以百褶裙的概念活化了電梯間的圓弧立面，讓光線隨著大理石的高低線條呈現明暗交錯的光影，再以金色鍍鈦做收邊加深質感印象。

圖片提供__相即設計

圖片提供__相即設計

施工 Tips

1. **注意厚薄。**依造百褶造型切割石材，依序排列出扇頁效果，須注意每片石材交疊處的厚薄度細節，重疊處需均整，使施工細節平整。
2. **電腦精準運算。**施作立面底為圓弧牆面時，若要對花，石材切割建議先經電腦運算尺寸後較為精準。
3. **搬運小心。**石材切成細碎長條狀，在搬運過程中須特別注意石材可能因此撞擊斷裂。

石材工法
06 圓弧收邊

完美的細節決定了設計的成敗，收邊是立面設計中一定會遇到的問題，別小看石材的收邊工法，展現質感的好與壞，往往都是視覺的第一印象。較講究的收邊做法會在石材以水刀切割導出圓角，展現出更細緻的工法，而且切割角度與拼接的角度都要精確，如此才能確保設計與施工的品質。

右頁圖例中，將包容性的延伸從分界牆的正立面劃向側立面，也讓質材從平面延伸至更立體的視覺。室頂切出的弧線與電視牆上下對稱的石材弧形收邊，形成端景裡的柔和，空間視野也因而更顯平衡。以石材收邊不僅放大石材的應用範圍，從單純的平面裝置延伸更立體，進而帶動空間深度。

圖片提供＿森境＋王俊宏室內設計

Methods

施工 Tips

1. **曲型加工石材。**雙廳間分界牆上下對稱以石材鋪面，石材弧形處經過弧形加工，與正立面石材拼接延伸。
2. **以石材顏色分界。**分界牆整體由上至下分多層次，最下方以深色石材為底，使視覺上輕重有序。

圖片提供＿森境＋王俊宏室內設計

混材

多樣質材的混搭並置，能產出多種驚豔效果。石材的美在於色澤與紋理間，呈現出有生命力度的刻劃氣息，在配搭其他建材時，往往能創造令人讚嘆的獨特性。例如石材在與木素材配搭時，能平衡石材的冷調性，使感知升溫。石材與金屬的配搭能呈現高調的質感，散發高貴的華麗價值。而石材與水泥色質感配搭時，能呈現冷靜的當代氣息，使氛圍穩重。藉由各種混合質感的交錯配搭，使得石材能呈現出另一種層次。

混搭風格

01 石材 X 金屬

右頁圖例中，低調華麗的混搭風華，曖曖內含的嵌光微透光澤。石材內壁面與側壁面皆以黑網石為主質材，黑網石細密的紋路質地深具肌理，搭配上金屬鍍鈦層板在視覺上呈現質感。以開放性展示層架放大材料質感的精緻，層板以鍍鈦霧金為隔層，其單純的色系能襯托裝飾品，背牆裝置嵌光將石材的精緻映照得更為生動。

以展示型層架方式打造，鍍鈦格層以不規則比例錯落分割，豐富視覺性，並依量體深度訂製展示收納，加長內空間的蒐藏面積。此外，櫃體外包覆一致性的同款石材，使整個大型量體成為視覺裝置，呼應空間的華麗風格。

施工 Tips

1. **先做好金屬骨架再覆蓋石材。**
   一般來說，施工順序多半是先依結構需求製作出金屬骨架，例如櫃體、檯面等均是焊接好結構後，再至工地現場覆蓋其表面石材，例如踏階面、桌板、層板。

2. **防止金屬或石材所造成的安全問題。** 收邊技巧上，無論是金屬或石材最好都事先做好導圓角的設計，以防止尖銳角度造成的安全問題。

圖片提供＿理絲室內設計　　　　　　圖片提供＿理絲室內設計

混搭風格
02 石材 X 磚材

圖例中的主視覺由亮面白銀弧大理石配搭霧面白木紋磚,在直橫斜向間並置展演著,兩者雖互為迴異的質材,卻皆以白色來做平衡搭配,視感毫無違和。

石材的大面積對花紋理呈現內V,再對應於白色木紋的斜向鋪陳,產生了線條角度的協調。

石材立面以白銀狐為底,平板電視置中,紋理方向讓電視牆成為亮點。木紋磚立面則以多樣拼貼方式表現,如魚骨貼、斜紋貼、直橫向等多樣並置呈現,以線條的活潑感平衡純白空間的單一性。此外,在一片白色系中,配置黑色傢具成為畫面重心,加深大面積的層次質感。

Methods

施工 Tips

1. **依設計形式選擇收邊技巧。**磁磚轉角的收邊有幾種做法,一種是加工磨成45度內角再去鋪貼,貼起來會比較美觀,另外最簡單的方式就是利用收邊條,材質從PVC塑鋼、鋁合金、不鏽鋼、純銅到鈦金等金屬皆有。

圖片提供__懷生國際設計

混搭風格

03 石材X水泥

　　近年室內設計工業風蔚為風潮，關於水泥建材的應用獲得高度注目及廣泛討論，但因清水模建築造價不斐，風格鮮明，喜惡取決於個人強烈主觀；折衷大眾品味與預算考量，在建材選擇上，將石材與水泥結合運用。由於石頭和水泥本質皆為冷調色彩，兩者混搭所造成的特殊效果，無論是現代空間或自然休閒風格，甚至和式禪風皆能融合。

　　圖例中以水泥色的清水模質感塗裝來搭配主角雕刻白大理石，用水切方式表現幾何切割線條，鋪出凹凸感層次，兩者混搭出平衡的調性，再輔以光雕裝置於立面層次中，渲染出宛如裝置藝術般情境，豐富空間故事。

Methods

施工Tips

1. **不一定需要收邊。**石材和水泥的組合，並非每種狀況都要收邊，例如清水模本身材料厚實，講究施工精準度，只有一次成敗機會，若採取收邊，極可能造成撞壞成品的後果。

圖片提供__懷生國際設計

Part4
替代材質

想用石材當立面材質卻預算不足嗎？裝修時預算總是最大的考量與限制，雖然喜歡大理石的貴氣質感，但不想在建材花費超出過多預算，也因此在喜歡的設計與費用的衡量上，讓人進退兩難，不知道該如何選擇。不過，科技發達的現在，替代材質真是幫了大忙，舉凡常見的木地板有塑膠地板可以取代，或是大理石也可改用磁磚打造類似效果，以下將介紹幾可亂真的石材替代材質。

01 仿石材塗料

色系乾淨的暖灰色模面，在寧靜中尋求一抹靜謐的立面質韻。帶著混雜模面的細顆粒質感，在深淺交錯的灰色斜切面上，將類石材的質感，以仿石材塗料表現出細緻質韻。

仿石材塗料以各種飽和性色系的乳狀塗料混合細碎天然石料後，配搭出的基底配方，形成類似天然石材般質地，耐候、耐酸鹼的韌性厚質塗料，可隨立面視覺與造型需求，嘗試任意的塗裝配置，輕鬆就能發揮於立面設計的各種創意與風格。此仿石材塗料產品在市場上的發展性已相當成熟，在市場應用範例也屢見不鮮，是能維持持久性與耐用性的塗裝材料，並且適用於各種不平滑的基底面，延展性與遮蔽性極佳。塗料價格依據室內外使用的耐久度，以及色料與石質面質感的呈現，反映在價格上。

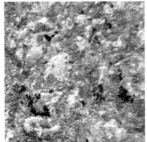

圖片提供＿ 創新科技塗料

如果不用手觸摸，幾乎看不出來這是仿石材塗料。

圖片提供＿＿唐岱設計

圖片提供＿＿FUGE 馥閣設計

牆面塗上仿石材塗料，逼真到讓人看不出來。

02 仿石材壁紙

下方圖例中，同一立面呈現多樣材質，質感以均勻氛圍延續著，立面上有手感的淺對比和紋路上游走著的心機導線，默默拉長了空間的高度。

延續莫蘭迪灰效應，仿飾建材類商品近年開始走起灰系質韻，喜歡大理石質感但又想顧及預算時，大理石壁紙是相當不錯的選擇。雲紋灰大理石的真實質感，絲毫無減屬於仿飾材的偽裝，靜靜地展現氣韻，再配搭起合襯的傢具，簡約地構築起一塊屬於自己的天地。

壁紙的簡便施工特性與容易更新等多樣性，在建材類商品中獨樹一格。質感的展現與細膩度也同時反應在價格上，有些高端的精緻壁紙商品甚至會以期貨的方式採購進口。

圖片提供＿四季芳明空間設計

喜歡大理石質感但又想顧及預算時，
大理石壁紙是相當不錯的選擇。

圖片提供＿四季芳明空間設計　　　　　圖片提供＿四季芳明空間設計

03 仿石材磁磚

　　大理石磁磚即為仿石材磁磚，其色彩標準的成熟度已達均質細膩，再透過整面鋪貼的氣勢下，幾乎能完整媲美真石材的質地，反映出擬真磁磚的高標準。

　　仿石材磁磚的擬真度，相較於真石材幾乎可達100%，差別只在噴墨花色的解析度高低。透過表面透亮釉彩的光透，「釉下彩」的純熟技術一覽無遺，但表面的玻璃釉較容易因摩擦而失去光華，所以大理石磁磚也較不適合鋪貼於人多、受力多的公共場所地坪。

　　大理石磁磚相較於石材，能取代真石材因開採時對地球資源的損耗，以及運送的能源損耗。另外，在色度和紋理的表現上，因大理石磁磚的花色呈現為噴墨印刷技術，所以在視覺的表現上，可以選用想要表現的石材紋理種類，而價格區分上並沒有花色珍奇比較昂貴，或花色一般比較便宜等區隔。

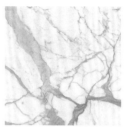

圖片提供__漢樺磁磚

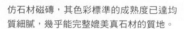

**仿石材磁磚，其色彩標準的成熟度已達均
質細膩，幾乎能完整媲美真石材的質地。**

圖片提供__漢樺磁磚　　　　　　　圖片提供__冠軍建材_冠軍磁磚

3

地面、壁面皆百搭的元素

磚材

Part1
認識磚材

磚材常被當作壁磚、地磚來使用，較難成為空間裡的主角。近幾年來，透過燒製技術的逐漸提升，許多磁磚廠商開始在磁磚上玩起創意遊戲，仿木紋、金屬或石材紋路，為立面畫上令人驚豔的空間表情。磚材從原本的空間配角，搖身一變為舞台中的主角。

磚的外觀呈長方體小塊狀，為構成牆體主要材料。由於磚的製作過程需要消耗耕地和大量的能量，目前正在逐步淘汰。廣義上，呈長方體狀的建築裝飾材料也冠以「磚」的名字，本書則以廣義形式及表面裝飾來討論磚材。挑選用於立面的壁磚必須考量以下幾點：

圖片提供__漢樺磁磚

☑ **1 表面紋路**

磚材種類繁多，再加上燒製技術提升，讓磚材的花色加入更多的創意，尤其是數位噴墨技術的大幅提升，導致表面紋路的擬真效果越來越好。可根據自身喜好、需求、預算等條件，尋找最適合自己的磚材種類。

☑ **2 材質**

儘量挑選抗拉力高、附著力高的磚材。一般製作磁磚的材質可分為陶質磁磚、石質磁磚、瓷質磁磚。陶磚是以天然的陶土所燒製而成，吸水率約5～8％，表面粗糙可防滑，一般用於戶外庭園或陽台。石質磁磚吸水率6％以下，硬度最高，但目前的使用率不高。瓷質磁磚即為一般俗稱的石英磚，製作成分含有一定比例的石英，堅硬的質地讓石英磚有耐磨的功能，耐壓度高，吸水率約1％以下，各個空間都適合，但要注意防滑。

媲美石材的晶亮建材
01 拋光石英磚

圖片提供__漢樺磁磚

| 適合風格 | 各種風格均適用
| 適用空間 | 客廳、餐廳、臥室、書房
| 計價方式 | 以坪計價（不含施工）
| 價格帶 | NT.3000 ～ 6000元
| 產地來源 | 台灣、東南亞、義大利

材質特色

石英磚燒成後經機器研磨拋光，表面呈現平整光亮，即為拋光石英磚。其顏色與紋路與石材相仿，具有止滑、耐磨、耐壓、耐酸鹼的特性，是一般居家最常用的地板與立面建材。其最大的優勢就是可以做出各種仿石材效果。市面上拋光石英磚多為擬真石材紋路，具有天然石材的效果，且價格容易被接受，另外就是厚度薄、質料輕，不含輻射物質。目前拋光石英磚在市場上之所以這麼受歡迎，主要就是可改善大理石及花崗石在先天上容易變質、吸水率高等缺陷。

種類有哪些

常用的尺寸為60×60公分、80×80公分、120×120公分三種。尺寸越大，溝縫越少，看起來比較美觀，但大尺寸的石英磚通常是由國外進口，不僅價位比較高昂，在施作上也會增加困難度。

挑選方式

拋光石英磚本身具有毛細孔的關係，沾到深色液體、飲料附著表面時容易吃色，應立即擦拭，時間久了會相當難處理。挑選時可以注意它的密度，密度越硬，吸水率越低。比較好的拋光石英磚就算撒了水在上面，反而不會滑，選購時可以摸摸看，比較一下。

圖片提供＿＿漢樺磁磚

耐磨耐熱又環保
02 陶磚

| 適合風格 | 鄉村風
| 適用空間 | 客廳、餐廳、陽台
| 計價方式 | 以平方公尺計價（不含施工）
| 價格帶 | NT.1000～上千元
| 產地來源 | 台灣、西班牙、澳洲、英國、德國

圖片提供＿＿漢樺磁磚

材質特色

嚴格來説，陶磚是以天然的陶土所燒製而成，吸水率約5～8％，表面粗糙可防滑，一般用於戶外庭園或陽台。而陶磚的毛細孔多，易吸水但也易揮發，可以調節空氣中的溫濕度，對人體有益，是屬於會自然呼吸的材質，同時還具有隔熱耐磨、耐酸鹼的特性。當陶磚破損或者要丟棄，可以完全粉碎後回歸大地，是一種非常環保的建材。

種類有哪些

依照燒製方法可分為清水磚、火頭磚、陶土二丁、蓋模陶磚（壓模磚）。陶磚種類中，壁面材分為可直接砌牆的清水磚及火頭磚，或無結構功能而以黏著劑貼在表面的陶土二丁等，都能用於室內外，用於室內時通常以局部裝飾為主。清水磚是從CNS標準紅磚中挑選符合標準的、漂亮的做清水磚，它的表面較光滑，一般用於室內以局部裝飾為主。

圖片提供＿珞石設計

挑選方式

若要用於室內壁面，建議挑密度較高的陶磚，甚至選擇上釉陶磚，或是在陶磚上面上一層水漬保護漆，預先擬定好保養對策，才能降低清潔困擾。一般用於工業風的磚牆，會選擇有窯變、燒不勻的紅磚，彰顯斑駁歷史氛圍。此外，最簡單的挑選方式就是直接敲敲看，吸水率過高則硬度不足容易破碎。

營造特殊空間氛圍

03 復古磚

圖片提供＿漢樺磁磚

| **適合風格** | 鄉村風
| **適用空間** | 客廳、廚房、餐廳
| **計價方式** | 以坪計價（不含施工）
| **價格帶** | NT.1200 ～ 1400元（國產），進口磚則數千元不等
| **產地來源** | 台灣、西班牙、義大利

材質特色

復古磚給人的手工質感深受人們喜愛，其仿古的色調和花樣，在空間顯現出讓復古磚更具手感的質樸面，磚體完成後利用後續加工將邊緣經過特殊處理，讓舊化的質地更夠。

復古磚利用模具造成磁磚表面產生凹凸的紋路，以表現石塊或石片的質感，或是以釉料利用施釉技巧或窯變方式，讓磁磚的色彩以各種不同的質感或深淺不均的方式呈現。

種類有哪些

復古磚從常見的多元色彩，到現在仿舊石材的大地色調，範圍非常多元，從仿陶面、石面到板岩等都有，像是仿石面的石英磚，則呈現遠古建築的質感，每一片的顏色差異較大，尺寸也不像一般磁磚的標準來得嚴謹，有時誤差範圍較大，目的在表現粗獷不拘的風格。大面積鋪貼時，可利用不同的拼貼方式，突破直線思考，令空間表現出不同的創意樂趣。

挑選方式

復古磚幾乎都有窯變的效果，選購時要注意樣品和實際顏色是否有太大的色差，建議先逐一確認現貨顏色是否符合需求後再下單購買。同時也要觀察一下是否有嚴重翹曲的情形。

圖片提供＿漢樺磁磚

在家中營造拼貼樂趣
04 馬賽克磚

圖片提供＿＿漢樺磁磚

| 適合風格 | 奢華風、現代風
| 適用空間 | 客廳、餐廳、玄關、廚房、衛浴
| 計價方式 | 以才計算，1才為 30X30 公分（不含施工）
| 價格帶 | 進口磚匯率不一，價格不定。有些特殊材質如貝殼，價格較貴
| 產地來源 | 歐美、大陸、印度、東南亞、日本、義大利、台灣

材質特色

馬賽克的原意為由各式顏色的小石子所組成的圖案，又稱為碎錦畫或鑲嵌細工，在古希臘、羅馬地區最盛行，現在泛指5×5公分以下尺寸的磁磚拼貼手法。自十九世紀末的西班牙建築師高第創造馬賽克拼貼藝術以來，拼磚魅力就一直備受喜愛。馬賽克磚沒有風格的限制，可藉由不同材質去創造想要的空間氛圍，像是日雜風可以六角、圓形馬賽克為主，鄉村風則可以透過拼貼圖騰去展現自然手作精神。在鋪設馬賽克磚時，可使用片狀的網貼馬賽克，整片貼上較省事方便，也可買零散的馬賽克發揮創意，隨興拼出喜歡的圖樣。

種類有哪些

依照製成的材質來看，除了一般的瓷質磁磚外，加上金箔燒製的特殊磁磚、石材、玻璃，甚至是天然貝殼、椰子殼都被拿來做成馬賽克磚，這種新興類型的材質在建材市場上越來越風行。而馬賽克磚的售價與材料的特殊性、形狀大小有關。一般來說，顆粒越小，材質越特殊，則售價就偏高。

圖片提供__諾禾空間設計

挑選方式　　　　　　一定要依使用空間挑選合宜的材質，因為石材馬賽克本身有毛細孔，吸入水氣後容易造成石材變質、變色，通常施作完畢會上一層防護劑保護。因此若在水氣較多的浴室中，則要特別留意保持通風和乾燥。

最吸睛的立面裝飾
05 花磚

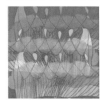

圖片提供__漢樺磁磚

| 適合風格 | 各種風格均適用
| 適用空間 | 客廳、餐廳、臥房、廚房、衛浴
| 計價方式 | 以片或組計價（連工帶料）
| 價格帶 | 進口磚匯率不一，價格不定
| 產地來源 | 歐美

材質特色

花磚的設計是磁磚最大的特色，向來是各磁磚廠商展現創意與新技術的重要產品，尤其每年秋季，在義大利波隆納的磁磚展，更可以見到引領時尚潮流的各式花磚產品。透過磁磚的印刷技術、上釉手法、高溫窯燒等方式，以及磁磚的表面處理，每一個步驟都會影響花磚的視覺效果。

一般來說，花磚多用於壁面裝飾，若要用於地面做裝飾，地磚和壁磚使用上的差別通常是以硬度及止滑度作為區隔的，若要用壁磚作為地磚，建議局部裝飾即可，且需有耐磨處理過的。

種類有哪些

近年來，磁磚廠商非常樂於跨界合作，插畫家和藝術家的設計也提高了花磚的藝術價值。一般來說，花磚圖案以花卉和抽象幾何的圖形為主流，在空間設計上通常會搭配同系列的素磚讓空間產生多層次的變化。

依花紋的大小，可分為單塊花磚和拼貼花磚。在一片磚上呈現完整的圖案，稱為單塊花磚。而用數片的磚合拼成一幅完整的圖案，尺寸較大，多使用於範圍較廣的壁面，稱為拼貼花磚。

挑選方式

由於每一家廠商或每一款花磚的尺寸都不盡相同，若隨意更換搭配恐怕會有尺寸不合的問題，最好是整組花磚加素磚統一採購。一般花磚用在壁面為主，不建議舖設於地面，除非有抗磨處理，選購時應先諮詢清楚。

圖片提供＿柏成設計

Part2
經典立面

以磚為畫筆 構築線為黃金比
在協調與衝突間
鋪陳自由靈魂

空間面積｜32坪　**主要建材**｜超耐磨木地板、水泥粉光、紅磚、磁磚、進口花磚、壁紙、黑板漆、黑框玻璃、人造石、鐵件

文 **詹玲鳳** nunu
空間設計暨圖片提供　**巢空間室內設計**

← **木質百葉窗簾營造端景牆** 客廳陽台輔以木質百頁窗簾，使光線能依各不同時間的照射，將光影表現於鋪貼著仿舊磚的立面上，更多了自然力度的線性與展演。光的力度透過廳間與主臥的輕玻璃隔間，恣意徘徊於空間各角落，增添端景的故事性。

↑ **以磚為主軸的風格立面** 屋主喜好仿舊磚面與紅磚牆面等具有歲月色澤、又帶著原始曠味的樸質面，設計師即決定對原牆面的水泥紅磚層下手，鑿出原牆面的老磚肌理，再以漆料修飾表面，讓深具歲月手感的斑駁質地，成為空間中最具力度的特色立面，老磚牆面與對面沙發背牆兩側的復古仿舊磚面柱體相互呼應。

空間作品為單身年輕男性的獨居樂園。屋主從事創意行銷工作，喜歡出國旅行，也喜好隨興生活的態度，並對國外Loft風格接受度相當高。所以設計規劃初期即以外露室內多樑柱結構的特色，將空間結構中產生的線條感作出多方面的搭配，打造多層次樣貌的視覺感受，並以暖色為空間主調，平衡了Loft工業風格原始的冷曠味道。

一個人的獨居場域可以帶來的空間自由度與設計發揮性相當高，通透大場域格局不僅模糊了空間界線，更讓豐富的視感裝飾能同時並置在眼前，繽紛了宅居空間的美學價值。首先以進門後第一重點，沙發背牆兩側深具歲月感的「復古仿舊磚面柱體」為主角，與對向電視牆面的「裸磚牆」作呼應。裸磚牆以室內原始隔間牆為底，鑿出整面的不規則裸面，呈現出斑駁手感的原味。兩種立面材質在仿舊與真實間，帶著協調與衝突的對比，傳達出視覺力度。

在拆除了客廳與主臥間的隔間牆後，以鐵件框體與玻璃作為公私領域間的分界，視野與光線讓空間穿透並開闊，也讓動線層次能更有故事性。當有訪客來訪時，只要將玻璃隔牆內的窗簾拉起，即能保有隱蔽性。主臥床頭是可左右活動的牆板，也是開放式衣櫃的拉門，將之結合起不僅有形隨機能的方便性，在視覺上也更為俐落。

餐桌旁的L型牆以「黑板漆」創造出塗鴉靈感牆，讓屋主在日常生活間能隨時提筆記錄剛湧現的創意與靈感，任一筆跡都可能是關鍵。開放式廚房以中島和懸吊鐵件櫃來作為與餐廳區的分界，黑色的懸吊鐵件呼應著客廳主臥間同質材的鐵件隔牆，以及投射燈的鐵件支架等，一致性的黑色金屬視感更加調和了屬於Loft風的韻味。

← 左右不對稱的混搭收納　開放式的玄關隔局，進門以豁然開朗的姿態迎接一覽無遺的工業風格調。屋主期望空間收納以陳列樣貌展示，方便隨時把玩生活中與旅遊時蒐羅的各式美好紀念。於是成就了大門左側樑下空間，以層板混和鐵件打造的開放式櫃體，以及大門右側配搭鮮紅跳色的收納餐櫃。左右不對稱的衝突混搭，卻充滿了活潑的協調感，並滿足屋主對展示收納的需求。

← Loft風的層次美學　雙廳以一字性的開放式格局，流暢了生活動線的循序。全空間各區的立面設計，帶著互為衝突卻視感協調的趣味對比，帶出專屬於Loft工業風格的層次美學。細數區域裝置，多樣且多色，彼此平衡配搭展演，足見設計師的美學功力。

→ 善用黑板漆增添牆面趣味　吸睛指數相當高的黑板牆面，是從事行銷創意工作的屋主，平時可隨筆記錄創意的重點區域。彩度較高的綠色黑板漆搭配上暖灰色系的水泥粉光牆面，呈現相當平穩安定的立面質感，乾淨的色感氛圍將更加有助於需要深度思考的精彩紀錄。

↑ **既隱密又開放的穿透立面** 以黑框玻璃牆作隔間，界分主臥和客廳，在視覺上可保留空間與光線的通透感，繼而有放大客廳領域的錯視，也借了客廳大窗的光源，讓主臥室更為明亮。在主臥中吸睛的床頭主牆，也將活潑氣氛帶至客廳。↙ **可獨享可共食的餐廚空間** 規劃之初即拆除原廚房隔間，呼應開放式場域精神延續開放式廚房架構，廚房與中島比鄰，再延伸出一張溫暖的木質大餐桌，整體餐廚區域俱全。當屋主獨享輕食，或假日想要呼朋引伴，共聚下廚餐敘，機能都非常完整。↘ **混搭壁磚創造異國衛浴風格** 清新乾淨的色系，略帶著異國情調的衛浴區，在壁磚的選擇上以動靜平衡的表現，來表達視覺平衡之美。動態感以黑白幾何手繪線條的歐式風格花磚，搭配著霧面消光質感的白色麵包磚，在動靜間表達出律動與平衡的穩定質感。

磚材流行趨勢

1. 磚材設計與周邊裝置、軟件配搭協調。延續莫蘭迪色的流行，放眼看去磁磚鋪陳面均勻地帶著灰系感，廣泛的灰系分佈在空間色研裡，看過去既平和又協調，能與周邊裝置或傢具產生配搭共鳴。在無彩度色系裡有黑灰白部分，灰色質感最具有均衡色彩個性的功能，不似白色過亮或黑色過深，介於中間的灰色能讓空間視感顯得均衡協調，此莫蘭迪風潮也帶動色彩學問導入市場行銷美學中。

2. 莫蘭迪色持續發燒。今年磁磚界流行的莫蘭迪色以暖色灰為主調，色感較以往溫暖，質面紋路也較為柔和。色系上多了藍灰、杏灰、棕灰等明亮系時尚色，質面上也多見帶著內斂歲月感的金屬元素面與原熱度不退的石紋、木紋或水泥色面等，以並置混搭的手法作出鋪貼表現，讓空間深具故事性與配搭性。

↙ **仿真木紋壁紙延續客廳磚牆主視覺**　屋主期望主臥氛圍能帶出活力氣息，在休憩與活潑間能取得平衡感。視覺上以床頭主牆的進口仿真壁紙，帶出層次活潑的主視覺。主牆也是衣櫃拉門，在視覺與機能上互惠共用。衣櫃中間為儲藏用，以門片遮掩，兩邊則為開放式的吊掛區，達到都會男性對穿著選擇精準，收納簡約俐落等需求。

↘ **空間的層次界分**　從主臥角度透視看往客廳區域的方向，相當具有空間的層次界分，可一覽多面貌的立面安排。原主臥陽台改成臥榻區，拿掉推拉門後，保留兩邊的短距隔間牆，在視覺上有了區域界定感，也更豐富主臥空間的端景樣貌。

Part3
設計形式

磁磚歷史早在公元前就存在，從許多考古挖掘可證實在古埃及、古羅馬時期，就有許多裝飾性的磁磚建材。在人類漫長的歷史歲月中，從任何時期的建築材料來分析，可判讀屬於各個時期所表現出的美學觀感、生活型態、階級差距等諸多有趣的觀察。而磁磚的演進簡單來說，就是從小到大，繁複到簡約，耐受性脆弱到高強度等，再逐漸提升磁磚的功能便利性、使用保固耐久等價值。另外在產品的呈現上，可依照燒結強度、視覺設計、防滑特性、擬真仿飾的工藝水準等功能面，來選擇最適合自己的美學產品。

造型&工法

磚材的立面美學應用就是一種在塊面間的構成遊戲，依循多樣化的磁磚產品在色相、色溫、圖案、模面等各種不同的質地，去拼湊出屬於自己最喜歡的質感天地。在經過視覺設計的思路下，磁磚可拼貼出各種視覺應用，變化出多樣巧妙的美學感受。

圖片提供__柏成設計

磚材工法

01 對齊貼

　　右上方圖例就是對齊貼的範例。視覺焦點以帶著墨黑質調的彩度，去襯托低彩米黃的盛開綻放，以油畫的筆觸色韻，展現印象派的暫留光影。整齊鋪陳的平貼法，橫列對齊，由上至下依序平鋪，將大幅擬真油畫磁磚組合拼貼，傳達形象主題牆的大器與整體性。仿畫建材比一般大幅畫作的維護還容易許多，是喜好獨特風格主題牆面的最佳選擇。值得注意的是，視覺風格強烈的作品，須考量整體配搭性，儘量以單純簡潔的空間設計來搭配，較能凸顯其氣勢價值。

　　右下方圖例，同樣也是對齊貼的範例，層次活潑繽紛的花磚，用於浴室的主題立面牆上，使得整體氛圍活潑，充滿童趣活力，輕鬆成為空間中的吸睛亮點。

圖片提供＿冠軍建材 _ 馬可貝里磁磚

圖片提供＿冠軍建材 _ 安心居進口磚

Methods

施工 Tips

1. **注意對花的精準。**對齊貼以一般壁磚的鋪貼工法即可，因每片花紋紋路不一，須注意對花的精準性。
2. **盡可能讓磚與磚之間隙縫寬幅一致。**有對花需求的磚，須顧及磚與磚之間縫隙寬幅一致，盡可能讓寬幅較小，維持視覺銜接的舒適度。

磚材工法
02 前後凹凸面

前後凹凸面帶著微微層次,在平面裡以錯落繽紛的幾何立面,讓視覺帶出動感。磁磚塊面間以方塊為單位呈現前後凹凸的立體視覺,些微落差的不規則表面範圍讓人產生錯視,以平面質感帶出立體氛圍,是一種很容易表現動態感的質地磚材。

前後凹凸塊面表現也常出現在其他較為大型立面材的應用鋪陳上,如木皮、岩皮、石材等,以塊面做表現的拼貼性建材上,或將各式建材混搭配來作前後凹凸面拼貼,讓立面作品更為生動有趣,增加視覺創意。

Methods

施工 Tips

1. **事先經過對花規劃。**磚材上的花紋表現,須事先經過縝密的對花規劃,使得紋路方向是協調的。

2. **注意銜接精準度。**以凹凸落差表現導線視覺,須注意落差處與表面的對紋在銜接處的精準度,使視覺得以延伸。

圖片提供＿冠軍建材＿冠軍磁磚　　　　　　圖片提供＿竹工凡木設計研究室

磚材工法
03 人字拼貼

圖例中順著鋪貼下來的「人」字型貼法，在趣味直角間，以充滿俐落的清新感，從中再跳出一些灰藍色塊，如舞動的俄羅斯方塊般，活潑的散佈著。配搭方式以清新自然的純白色系，與磚縫間露出些許泥水色縫隙，呈現原始的配色，如同穿著白T恤的清爽，顯現乾淨舒服的氣質。

人字型拼貼較為費工的是整牆面四周的收邊處，因人字交錯拼貼，使牆面四周出現不規則空缺，磚材須再裁切來填補空洞處，因此，人字拼貼必須特別注意細節。

Methods

施工 Tips

1. **須依中心線鋪貼。** 人字中心點依中心線為基準，依序以「人」字型貼法疊合鋪貼完成。

2. **施作前須規劃計算好磚材用料。** 人字貼、魚骨貼等工法較耗損用材，故施作前須規劃計算好用料，收邊處的填空面積也須列入使用耗材的估算。

圖片提供＿＿冠軍建材_冠軍磁磚　　　　　圖片提供＿＿冠軍建材_冠軍磁磚

磚材工法
04 交丁貼法

交丁貼帶著類似砌磚牆的效果,最常見的是橫向磁磚縫對著上下層邊緣,讓每層在橫向與行列間產生不規則的活潑錯視,在一片規則鋪貼中同步看見重複與交錯的趣味,是一種簡約又不單調的優雅工法。

莫蘭迪灰色系的熱度與大地系紋路持續發燒,小片磚也趕上流行熱度。帶著如雲朵般的流線在暖灰系裡閃耀著磚面質感,散發簡約沉穩的內斂。以岩石表層質地打造的磚面,輔以薄釉施於表層,使磚面帶著微光,紋理細緻均勻呈現,是簡約質感的流行趨勢表現。

Methods

施工 Tips

1. **按照喜好的「交丁」比例鋪貼。** 依視覺期望來調整橫向「交丁」比例鋪貼,有「1/2交丁」也有「3/4交丁」,也有不按比例水切磁磚呈多尺寸形狀來調整鋪陳面應用,不規則的交丁視覺,端視個人的喜好作比例調整。

2. **以直向工法鋪貼創造另一種立面視覺。** 「交丁」法也能以直向工法鋪貼,塑造另一種視覺情境。

圖片提供＿冠軍建材＿冠軍磁磚　　　　　　　圖片提供＿冠軍建材＿安心居進口磚

磚材造型
05 馬賽克表現

在小方塊間的細微質感裡，拼湊出屬於精靈般細膩的小故事情境。馬賽克風情，是低調而舒心的，如同裝置配角般，輕巧而雅致。有連續圖案的淡雅花色在繁複間勻稱開展，以單色拼湊的表現是帶著細膩的光澤，不過度以色感奪目，靜靜地展現屬於馬賽克家族獨有的小塊面手感。

馬賽克磚的呈現如同一幅鑲嵌畫般，有方塊的，有圓卵狀的，有規則或不規則的排列方式，其表現很容易被歸納為藝術類建材。在古羅馬時期，馬賽克鑲嵌藝術開始發揚光大，成為羅馬人最具特色的藝術表現之一，流傳至今，風采依舊，但在設計與色感上，都已被當代的流行趨勢所影響，成為一項歷史悠久的藝術展現。

Methods

施工 Tips

1. **使用的水泥或黏著材不需太多。**馬賽克磚皆為小片磚，施作時須注意使用的水泥或黏著材不需太多，以免從磚縫間溢出，影響磚面的美感。磚縫也須待乾燥後再做抹縫動作，儘量維持磚表面的光潔度。
2. **裝潢最後再行鋪貼。**馬賽克磚因較為細緻，屬裝飾材，在裝潢施工時最後再行鋪貼。

SILENZIO

圖片提供__冠軍建材_安心居進口磚　　　　　圖片提供__冠軍建材_安心居進口磚

磚材造型
06 混搭配置

在充滿包容性與多樣性的混搭世界裡，展現屬於自己最愛的喜好風格。磚是明視度極高的風格材料，因為它的混搭可以有多重的變化風格，是極有個性的一種裝飾材。

磚面的設計與應用變化非常多層次，其大致可分為拋光磚、石板磚、亮面釉磚等，其中拋光磚是以各色粉料聚集壓製後再行燒製研磨，紋理與色澤來自粉料的結合，強度與耐用為最強。石板磚則是幾乎包含所有磚種的通稱，亮面釉下彩則是仿石材大理石磁磚的化身。多種磚種的延伸與佈局，因應在混搭材案例不勝枚舉。

左下方圖例是以卡拉拉石紋六角磚，配搭木紋磚鋪貼至下，是非常吸睛亮眼的搭配，相當具有活力。

右下方圖例是中間為仿石紋磁磚，有沉積紋理之美，兩邊配搭黑色石板磚，以黑色來襯托仿石紋理的細膩度，平衡兩種質感迥異的磚面。

施工 Tips

1. **混搭磚材時須注意磚材厚度。** 兩者質材配搭時若有過於突出的厚度差，容易影響鋪貼美感，降低整體的視覺平順度。
2. **風格調性要統一。** 搭配混磚材時，須注意彼此的色感與冷暖調性調和，紋理介面是否相襯。
3. **正確選擇收邊條。** 磁磚收邊條不僅是安全防護建材，也是修飾鋪面的好配件。

圖片提供__層層設計　　　　　　圖片提供__冠軍建材_馬可貝里磁磚

磚材造型
07 組合配置

極簡風當道，以簡約俐落的方式鋪貼出舒適的高質感，讓色彩來決定空間調性。下方兩張圖例的風格表現出近年來時尚趨勢裡最受歡迎的色彩，充分掌握空間市場潮流，以PANTONE色票為靈感，希望營造出攤開色票有如調色盤般的多彩姿態，輔以拼貼設計應用，讓簡單素雅的幾何造型即刻展演出不同變化。

表面材以霧面釉料表現內斂感，像是可以透過手指觸碰，把玩一片片細膩手感的色票磚，如同在調色盤上拼貼變化出無限制的風格趣味。用色內斂鮮明，在暖灰系的亮明度中帶出乾淨的質地。

Methods

施工Tips

1. **須注意磚材鋪貼的平整度與細節。** 以對齊方式依序鋪陳，磚色與質感較為乾淨簡單，須注意鋪貼的平整度與細節。

2. **磚縫與磚面間隙須保持一致。** 維持磚縫與磚面間的鋪貼整齊乾淨，讓質感跳出來。

3. **事先規劃組合方式與配色。** 磚材以單色為主，也可作跳色組合，鋪貼前先選好想要組合的方式與配色，較容易配搭出屬於自己的風格立面。

圖片提供＿冠軍建材_冠軍磁磚　　　　圖片提供＿冠軍建材_冠軍磁磚

混材

磚材的混搭，在立面上產生無數繽紛的分割幾何線條，配搭起相異材質，更能營造在點線面間的端景層次感。立面的畫布是流動且開放的，材料的應用有其自明性，配搭的結果如同裝置藝術的呈現，帶著力度的複合美感，滿載強大的空間機能。在磚材與金屬篇裡，有內斂樸實的華麗轉身；在磚材與木素材篇裡，有屬於建築人對空間的原始審思；在磚材與水泥篇裡，有建築質材的藝術性視覺。混材的複合之美，從單一到成對的配搭間，可看出無限的美感質地。

混搭風格
01 磚材 X 金屬

　　空間的創意脈絡，回歸以居住者的需求與喜好出發。設計師研究並循其生活方式與習慣，量身訂製專屬的獨特品味，再歸納視覺喜好作統整，於表皮與氛圍中鋪陳雕琢，呈現一種多樣貌但平衡舒服的「微衝突」風格美感。

　　右上方圖例中，室內風格以前衛造型合併俐落線條，並帶著美式基底，使端景充滿亮點。收納處加入霧金色烤漆鐵件，再以框形塑出開放式層架，在紅磚與異質材的配搭趣味中，成就衝突之美的風格。

　　右下方圖例中，從地面到電視牆面皆以米色木紋磚一致鋪貼，木紋磚襯著白色櫃體與從天花板延伸到地面的金色支架，自成典雅端景。

> **Methods**
>
>
>
> ### 施工 Tips
>
> 1. **以不同手法展現多層次視覺。**
>   室內牆面可以原牆鑿出裸磚面來表現，或以仿飾紅磚片貼出紅磚牆質感。磚縫處可選用喜愛的色系來抹縫，展現多層次視覺。
> 2. **選擇品質較好的填縫劑。** 磁磚在施工完成後需要填縫處理縫隙，選擇品質較好的填縫劑可以預防縫隙發霉或脫落產生粉塵的問題。
> 3. **磚材與金屬施作的先後順序視設計而定。** 由於金屬鐵件與壁面或牆面結合需鑽孔鎖螺絲固定，因此磚材與金屬鐵件施作先後順序，須視設計是否要將接合面的螺絲外露而定。

圖片提供__懷生國際設計

圖片提供__懷生國際設計

混搭風格
02 磚材 X 木素材

　　磚面與木素材的混搭比例很重要，因為兩者都是視感強烈的空間主角，配搭時須注意設計比例中主從關係的拿捏，使比例不失焦，鋪陳出具平衡調性的立面。

　　右上方圖例中，木素材表現為木工施作櫃體，以規劃使用者自有喜好為設計切入點，是輔以機能與使用者觀點需求來構築的立面作品。多以收納規劃延伸出美學比例與價值，成就木素材的自明性。整體空間以木素材的自然觸感，溫潤的視覺氛圍為主調，木質鋪面結合灰黑系，呈現統一的深暖色調性。立面以風格色感獨特的進口文化石為底，文化石磚牆凹凸有致的紋理，與木質面交互構築出富質感肌理的客廳主牆。

　　右下方圖例將主牆一分為二，以清爽的水泥磚面為基底，右為主櫃體的延伸。雙色木質配搭，跳色的錯落格層帶著繽紛童趣，櫃體以淺色木紋延伸出吧檯桌與天花板，將通透空間以質材劃分出機能界線。整體氛圍乾淨雅致，擁著佈滿一室的餘光，散漫出清新情懷。

圖片提供__竹工凡木設計研究室

圖片提供__竹工凡木設計研究室

Methods

施工 Tips

1. **先施行磚材泥作，再進行木作。**當磚材與木素材做搭配時，因磚屬於泥作工程，因此通常先會先進行磚材施工，最後再進行木作。
2. **收邊素材可依立面風格選擇。**由於施工順序關係，因此通常在木素材和磚交接處，會由木素材以收邊條做收邊處理，收邊條的材質目前有PVC材塑鋼、鋁合金、不鏽鋼、純銅到鈦金等金屬皆有，或以木貼皮或實木收邊。

混搭風格

03 磚材 X 水泥

　　水泥色面的簡約表情配搭任何磚種應該都毫無違和，水泥面是帶著質樸的肌理，映照對比磁磚鋪貼的方格表情，只要掌握住冷暖色的協調，水泥面搭配磚面要好看，應該都不是難事。

　　右上方圖例的中介質為水泥牆，水泥色牆上掛著數幅黑框畫，隨興帶著工業風的洗鍊面目，配搭起左右兩邊的木紋磚牆，整體立面透露出一種自在感。木紋磚牆將溫度帶入了冰冷的工業風質地，立面前再置入排錯落簡約的黑色系玻璃吊燈，加深了實景的動態感。

　　右下方圖例中，一行灰白系馬賽克小方磚與上方平行鏡面劃過整幅牆面，銜接到底的L型清水膜面水泥色牆，馬賽克與清水模兩種質材呈現T型的交錯碰撞，視覺簡約乾淨，平衡無礙。

圖片提供＿冠軍建材 _ 馬可貝里磁磚

圖片提供＿竹工凡木設計研究室

Methods

施工 Tips

1. **先施作水泥再施作磁磚。**水泥原本就是貼磚之前的必要程序，因此就工序來看，必定是先水泥再磁磚。在磁磚的施作工法上，分有「乾式」、「濕式」、「半乾濕」數種。
2. **將收邊條納入設計考量。**施作前可先將收邊條結合後的觀感也視為設計的一環，就能避免突兀的設計產生。如果選用的磁磚凹凸面明顯，因加工後不易密合銜接，使用收邊條效果會更好。

Part4
替代材質

壁紙在居家空間的運用相當普遍且歷史悠久。早期在壁紙材質的選擇上，以木漿加工而成的純紙壁紙為主，因其具有價格低廉、施作容易等特質，常被用來取代塗料，達到修飾立面的效果。近年隨著室內建材的多元化，壁紙的表面材也持續推陳出新，有表面質感特殊的仿磚紋壁紙、仿石材壁紙、仿木素材壁紙等等，均可依照空間風格進行適當搭配。此外，使用仿磚紋壁紙可省去鋪磚的繁複施工程序，達到快速美學的效果，瞬間活化立面端景。假如立面牆有不可載重的狀況，或屋舊有牆面斑駁問題等，考慮暫時性的使用，仿磚紋壁紙是不錯的選擇。

01 仿磚紋壁紙

仿磚壁紙是能快速營造空間呈現鋪磚質感的優質好物，圖例中以米奇磚紋壁紙為立面主視覺襯底，營造繽紛可愛的童趣感，更拉近親子共樂的視覺美學。

設計師將室內營造出帶著家庭共樂的氣氛溫度，針對親子關係的營造與居住者的心境喜好，更能與空間對應到需求，使溫馨親子宅滿溢家的共樂氛圍。所以公領域中的亮點主軸就是書房後立面牆上，以一家四口英文名的第一字ATJJ為主視覺，雕琢出的書房造型書架。並裝置三種不同質地媒材，以黃綠色系跳階，底襯米奇磚紋壁紙，充滿童趣韻味並宣揚家人間的緊密喜好。

圖片提供＿勁懷設計

注意壁紙接邊處的花樣是否對齊，以免造成畫面不連續的感覺。

圖片提供＿勁懷設計

壁紙施工前須注意牆面整平，避免裂痕、潮濕、壁癌等情況。

4

輕輕一抹，快速變換風格
塗料

圖片提供__得利塗料

Part1
認識塗料

塗料不僅肩負著創造空間色彩與改變氛圍的重任，目前市面上推出許多機能性塗料，強調可以調整室內濕度、消除異味、防水、抗菌，讓居家空間更健康環保，像是珪藻土可調節濕度，又有粗顆粒、細顆粒等紋理，藝術塗料與特殊用途塗料更是讓立面設計增添趣味。

塗料還能防腐、防水、防油、耐化學品性、耐光、耐溫等。物件暴露在大氣之中，受到氧氣、水分等的侵蝕，造成金屬鏽蝕、木材腐朽、水泥風化等破壞現象。在物件表面塗上塗料，形成一層保護膜，能夠阻止或延緩這些破壞現象的發生，使各種材料的使用壽命延長。希望以塗料創造立面風格時，需要考量以下幾點：

圖片提供＿得利塗料

☑ **1 空間質感**	改變室內色彩最簡便的方法，就是運用各式各樣的塗料。除了千變萬化的顏色選擇外，塗料也可以利用各種塗刷工具，做出仿石材、布紋、清水模等材質觸感幾可亂真的仿飾效果。
☑ **2 健康因素**	以往油漆類塗料最為人詬病的就是，無論是水性或油性水泥漆都會有讓人不舒服的化學味道，雖然經濟實惠，卻會危害健康。因此，挑選塗料時須符合歐盟CHIP安全規範與健康綠建材認證，而且最好認明符合國家標準之正字標記產品或是具環保標章、綠建材標章之產品，比較有保障。

色彩持久耐擦洗
01 乳膠漆

| 適合風格 | 現代風、古典風
| 適用空間 | 客廳、餐廳
| 計價方式 | 以罐計價（不含工錢）
| 價格帶 | NT.250 ～ 450元／公升、NT.1200 ～ 1400元／加崙
| 產地來源 | 義大利、大陸、東南亞、台灣

圖片提供＿得利塗料

材質特色

乳膠漆為乳化塑膠漆的簡稱，主要由水溶性壓克力樹脂與耐鹼顏料、添加劑調和而成，漆質平滑柔順，塗刷後的牆面質地相當細緻，且不容易沾染灰塵，又耐水擦洗，即使小孩子貼牆玩耍、塗鴉，也不用擔心清潔保養問題。它的附著力強，能覆蓋牆面上的小細紋及小髒汙，同時不易發黃，所以色彩持久度較水泥漆幾乎強上一倍。由於乳膠漆的樹脂很細，所以漆出來的質感遠比水泥漆細緻平滑，更適合在室內各種空間使用；但通常油漆師傅為了要呈現細緻的質感，會加水稀釋並塗刷比水泥漆較多的道數，相對施工成本也提高。

種類有哪些

因國人越來越重視無毒的居家環境，乳膠漆近年來發展出附帶多種清淨空氣的塗料，以打造健康的住家生活。像是加入防霉抗菌的成分，含有除去甲醛的特殊功能，甚至還有利用光觸媒作用淨化空氣。越來越多乳膠漆已通過健康綠建材認證，讓消費者可以安心塗刷在室內臥房、嬰兒房等空間。

挑選方式

不同於過去的油性漆，現在的油漆幾乎都是水性比較安全，但因為原料及添加物的等級與來源不同，乳膠漆也會含有部分化學味及揮發性有機化合物（VOC），不過目前各廠商致力開發較環保健康的產品，並運用各種技術減少化學味及VOC，有些塗料甚至可以分解甲醛。不過，選購有國際認證的品牌，或有健康綠建材認證才更有保障。

圖片提供＿得利塗料

價格優惠覆蓋力佳
02 水泥漆

| 適合風格 | 各種風格均適用
| 適用空間 | 客廳、餐廳、廚房、臥室、書房、衛浴、兒童房
| 計價方式 | 以罐計價（不含工錢）
| 價格帶 | NT.180 ～ 300元／公升、NT.400 ～ 800元／加崙
| 產地來源 | 台灣

圖片提供__得利塗料

材質特色

水泥漆因為主要塗刷在室內外的水泥牆而得名，具有好塗刷、好遮蓋等基本塗刷性能，可分成油性及水性漆；水性水泥漆又分成平光、半平光及亮光三種。油性水泥漆主要由耐候、耐鹼性優越的壓克力樹脂（Acrylic Resin）製成，所以具有良好的耐水性，而且對水泥面的附著力超強，幾乎各種材質牆面都可以塗刷，但大部分用在房屋外牆。水性水泥漆則以水性壓克力樹脂為主要原料，配合耐候顏料及添加劑調製而成，光澤度較高，室內外的水泥牆都可塗刷，但不建議塗刷在金屬、磁磚等表面光滑的材質上。

種類有哪些

分成水性與油性水泥漆。平光水性水泥漆塗刷在牆面上的效果具霧面質感，看起來比較柔和，讓人感覺較含蓄內斂，所以深受大多數台灣消費者的喜愛。半光水性水泥漆塗刷的質感較清亮，表面光滑也較容易擦拭。而亮光水性水泥漆粉刷後牆面看起來會相當亮，牆面凹痕等細節也看得較清楚。另一種油性水泥漆分為調和漆、木漆、鐵鏽漆等，大多用於門、窗、桌、椅等裝潢及木作表面。

圖片提供＿得利塗料

挑選方式　在選購時最好認明符合國家標準之正字標記產品或是具環保標章、綠建材標章之產品，比較有保障。想要柔和的室內空間但預算不高，又要考慮健康因素，不妨選擇防霉抗菌、低VOC的綠建材水性水泥漆。

調節濕度健康綠建材
03 珪藻土

圖片提供__樂活珪藻土

| 適合風格 | 各種風格均適用
| 適用空間 | 客廳、餐廳、廚房、臥房、書房、兒童房
| 計價方式 | 以坪計價（連工帶料）、以容量、重量計算（不含施工）
| 價格帶 | NT.4000 ～ 6000元／坪（連工帶料）
| 產地來源 | 台灣、日本

材質特色

珪藻土（Diatomaceous Earth，又稱為矽藻土），是由一種稱為「珪藻」的單細胞植物性浮游生物所演變而來的。珪藻死後的遺體堆積在海裡或湖裡，其中的有機物質經過長時間分解，只殘留無機物質，經開採後輾成粉末就變成珪藻土。珪藻土為多孔質，孔數大約是木炭的五～六千倍，能夠吸收大量的水分，因此具有調濕機能，可防止結露、反潮，抑制發霉現象。最大特性就是可針對甲醛、乙醛進行吸附與分解，可用於矯正現代建築因各種內裝物而造成的空氣品質不良問題，讓居家環境更健康。可適用全室內的牆面及天花板，但不可用於浴室，因為它遇水容易還原。

種類有哪些

珪藻土可分為一般塗料及含有珪藻土的飾面材料。一般塗料的功能性較強，並且可藉由圖紋、花樣的施工方式，增加壁面魅力。另一種是含珪藻土的飾面材料，利用珪藻土可製成珪藻土磁磚、調濕板等不同產品，提供更多用途使用，且施工時無毒、無味，裝修完即可入住。

挑選方式

建議購買前認明有綠建材標章的產品，並且看清楚固化劑成分，另外，可以請商家提供珪藻土樣板，以手指輕觸試驗表面的堅固程度，購買時如果有粉末沾附於手指上，表示產品的表面強度可能不夠堅固，日後使用容易會有磨損等狀況產生。

圖片提供__蟲點子創意設計

以假擬真添趣味

04 藝術塗料

| 適合風格 | 所有空間均適用
| 適用空間 | 各種風格均適用
| 計價方式 | 以坪計算（連工帶料）、以罐計算
| 價格帶 | NT.3000 ～ 5000元／坪（連工帶料）
| 產地來源 | 德國、日本

圖片提供＿Two Brushes 仿飾漆

材質特色

藝術塗料扭轉了人們對塗料顏色的印象，不僅有在色彩上多了仿木紋、仿石材的色調外，還出現了立體的紋飾塗料。讓居家空間更添趣味。特殊裝飾的塗料屬於可厚塗的塗料，成分各有不同，通常可透過不同塗刷工具，呈現立體的砂紋、仿石紋、仿清水模等效果，或甚至做出仿木紋、布紋或紙紋的仿飾漆效果。

仿石材效果的特殊塗料產品，多為天然石粉、石英砂，經高溫窯燒（600℃至1800℃）而成的質材，以專業的噴漆施工後可呈現仿花崗石、仿大理石的漆面效果，色澤自然柔和，不會色變或褪色。不僅可用於戶外壁面，也有很多人用於室內，營造特殊情境。

種類有哪些

有崗石、砂壁等仿天然石材的紋路圖案，還有越來越多人喜愛的仿清水模系列，創造自然質樸的清新感。另外還有立體紋飾，可利用工具進行塗刷呈現特殊刷紋、讓牆面更富變化性。

圖片提供＿Two Brushes 仿飾漆

挑選方式

值得注意的是，因為此類塗料無法就塗料本身判定好壞，最好找有信譽的廠商，親自觀察他們做出來的實景，比較有保障。良好的廠商會提供完善的售後服務，若漆面有小瑕疵可以立即修補。

放心在牆上塗鴉筆記

05 特殊用途塗料

| **適合風格** | 客廳、餐廳
| **適用空間** | 各種風格均適用
| **計價方式** | 以罐計價
| **價格帶** | NT.200 ～ 3500元
| **產地來源** | 台灣、丹麥等

圖片提供_珞石設計

材質特色

早期常見的黑板漆、白板漆多為油性，成分包含特殊樹脂、耐磨性顏料、調薄劑等，由於油性塗料中含有甲苯，對人體有害，現今已有業者引進以水性為主的黑板漆和白板漆，成分具水性漆特性外，也擁有耐磨擦寫等特性，重要的是還符合健康環保概念。而磁性漆目前也使用水性低氣味樹脂配方，不添加有機溶劑、沒有刺鼻味，高科技磁感性原料經過特殊處理不會生鏽，可讓牆面保持歷久不衰的磁性，就算是長期重複吸附效果依然不減退。而白板漆為半透明乳白色，乾燥後成為透明的表面，因此不會遮蔽牆面的原有色彩。

種類有哪些

油漆除了可為空間上色，創造多彩繽紛的居家氛圍外，目前也發展不少具有特殊用途的塗料，像是可記事書寫的黑板漆和白板漆，或是可吸附磁鐵的磁性漆，讓牆面不只可作為裝飾，也能具有多重使用功能。黑板漆除了常見的黑色、墨綠色之外，現今已突破色系上的限制，也能依所選顏色進行調色。

挑選方式

拿到漆料時，要注意罐身是否有無破損或裂開。儘量選擇水性的漆料，無甲苯的成分，在使用上較為安全。在居家空間中，多半是使用在牆面或木材表面上，例如櫃面、門片等，但底材也有所限制，像是金屬與玻璃較無法完全吃色，建議儘量少使用於這兩種材質上。

圖片提供__珞石設計

居家室內裝潢新寵兒
06 樂土

| **適合風格** | 室內空間牆面、櫃體裝飾使用
| **適用空間** | 工業風、現代風等水泥質感
| **計價方式** | 依材料、施作厚度等需求而定
| **價格帶** | NT.125元／平方公尺（僅材料）
| **產地來源** | 台灣

圖片提供__成大昶閎科技股份有限公司

材質特色

樂土以兼具防水與透氣功能為名，逐漸在壁面裝飾與防水材料市場打響名聲，成為居家室內裝潢新寵兒。與大多數裝飾塗料不同的是，樂土是由國立成功大學土木系「輕質與結構材料試驗室」的專業研發團隊，歷經多年研發出「水庫淤泥再生改質技術」專利環保防水材料。樂土能把木作、水泥板、矽酸鈣板等各式板材所做出來的造型，輕鬆轉化成水泥質感，但是樂土呈現灰泥天然原色，於各種材質的顯色都不同，因此必須充分了解材質的特性與質感，先小量試做，確認顏色再來施作。樂土擁有高質感，非常適合用來打造仿清水模的牆面，或者質感原始的工業風水泥牆。

種類有哪些

樂土系列的產品顏色選擇比較少，除了樂土灰泥以外，其他受歡迎的產品分別有矽酸質塗佈型防水材、樂繕超薄抹面砂漿以及樂塗防水透氣漆等等。

圖片提供＿南邑設計事務所

優缺點

由於樂土灰泥非常平滑好抹，只要會基本施作程序即可，非常適合屋主自行在家 DIY。樂土具有防水、透氣、防壁癌、黏著性好、施作厚度薄，有效解決居家壁癌與漏水等優點。缺點是雖然防水透氣比一般建材好，但還是有裂開的機會，且灰色原色在各底材顯色不一、非均勻材質，人工手作易有手作痕跡與紋理。

Part2
經典立面

實踐色彩的各種可能性，
每天親近藝術多一些！

空間面積│51.5坪　　**主要建材**│油漆、烤漆、木皮、鐵件、磁磚、壁紙、玻璃、地毯

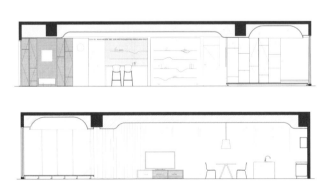

文 陳淑萍
空間設計暨圖片提供　FUGE 馥閣設計

↑ **色彩轉換成為線性色塊** 有別於一般居家空間的視覺經驗，這裡的線條以不同顏色、不同寬窄，在微微曲折的天花上像是流動狀態，連結成一個深遠律動領域。

← 互為襯映，讓空間中各顏色說故事　客廳與餐廚空間採無隔牆的開放格局，曲折天花延伸的底端，是餐桌區與料理中島，橘色立面廚櫃，在多彩天花佈景之下，也不容易被忽略失色，反而能成為個性鮮明的視覺收斂端景。中島靠餐桌處設計了抽屜，不須起身便能在座位上轉身拿取餐具。

「我們每個人都是圓點，不能因時間的流轉遷移、時代的推進，讓自己的存在感完全消失，忘記自我的本質。」如草間彌生對於圓點的詮釋，這個色彩繽紛的空間，有著本質強烈、獨一無二的存在感，讓人無法忽視。由橘、綠、紫、粉紅四個顏色開始發想，屋主與設計師經過四年的討論火花，迸出一個充滿色彩實驗的居住空間，透過村上隆的畫作收藏，以及 Paul Smith、草間彌生具代表性的線條、圓點元素，於立面、天花甚至是傢具軟件等，傳遞濃厚藝術家氣息，也讓人看見色彩在空間實踐的各種可能性。

建築結構本身就是圓形，回字型動線使各區之間互相連貫。從浪漫的紫色睡寢空間起床，進入盈滿日光的粉紅色衛浴，盥洗後走進紫色鋪陳的更衣間，整裝完畢在舉步輕吸吐氣之間，已身處寧靜安定的綠色和式空間。而猶如宇宙間的動靜分野，和室旁的多功能室，白色壁面上躍動著彩色圓點，向上直達挑高的拱形穹頂；色彩向外延伸，轉換成為線性色塊，有別於一般居家空間的視覺經驗，這裡的線條以不同顏色、不同寬窄，在微微曲折的天花上像是流動狀態，連結成一個深遠律動領域。另外，白色地磚以及白色塑料地毯（主臥＋圓點多功能室）與弧曲鐵件書櫃層板、發光的酒架展示檯等，則是對比的輕盈與內斂安排，在富饒多彩的空間中，起了重量平衡與視覺穩定的作用。

← 有形的風格設計 vs. 無形的貼心細節　吧檯區的收納層架採用鐵件光板材質，讓屋主收藏的酒瓶能有最佳色澤光影呈現。上方搭配特製霓虹燈文字：「What is essential, is invisible to the eye.」（真正重要的，是用眼睛看不見的），一如空間動線、生活機能的貼心安排，無形卻無比重要。

→ 彩色圓點，前後空間彼此對話呼吸　多功能室位於客廳與和室之間，透過色彩元素作為公共空間過渡的轉換與銜接。白色烤漆壁面上躍動著彩色圓點，圓點向上延伸至挑高弧拱穹頂，彷彿室內的小天井，可在這裡悠閒地或閱讀或談天或發呆，享受片刻美好。

立面觀點

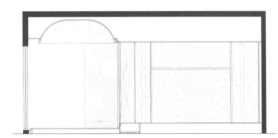

↑ 靜心沉澱，和室帶來安定力量　回字型動線串聯各區，帶來一處一心境的時空轉換錯覺。打開圓點多功能空間拉門，是氛圍寧靜安定的和室。立面由木素材、珪藻土與壁紙打造，關起門時可獨立一方、杜絕外界干擾；打開門後則能感受旁邊圓點空間的繽紛。

↓ 深淺粉紅，妝點出清新活潑　光線充沛的主臥衛浴，左側以淡粉紅的柔和清新，喚醒一日之晨。浴缸後方背牆，則貼附色彩飽和的幾何形色塊磁磚，搭配淋浴間的黃色玻璃，讓沐浴時的心情帶點奇幻與活潑的愉快感。

↓ 是獨立更衣空間，也是過道路徑　暗門後的更衣空間，延續主臥的紫色浪漫，兩側皆有可自由穿梭的路徑配置，讓空間關係緊密串聯。紫色櫃體、白牆、鏡面與燈光的配置，則有種柳暗花明的視覺想像。

↑ **濃淡輕重，色彩律動中的平衡** 淡淡粉色的客廳背牆，白色烤漆鐵件打造輕盈無壓的書櫃層板。天花則是繽紛前衛卻又不過度喧鬧，線性與弧形曲折創造出視覺流動感。彩色天花於施工時需考慮線條邊緣的完整性、注意避免造成疊色或白邊，較單色的施工處理難度更高，特別邀請壁畫經驗豐富的法國藝術家François Fléché彩繪完成。

→ **紫色睡寢，兼具個性與浪漫** 紫色的床頭背牆，與屋主收藏的當代畫作和諧映襯。床尾側同樣以紫色打造落地櫃體，結合開放層櫃、小書桌，並有一道隱藏門，可通往主臥衛浴與更衣室空間。

塗料流行趨勢

由局部點綴延伸至整體空間。過去對於空間顏色的詮釋較為含蓄、狹隘，若有顏色的運用，也多半是小面積、局部的點綴。但隨著設計不斷改變創新，目前塗料的運用趨勢，已由局部、單一牆面，延伸至整體色彩的計畫思考，跳脫以往作為主牆點綴使用，轉變為空間的基底色調，也會使空間的設計個性及風格更外顯。

Part3
設計形式

改變空間氛圍最簡易又不傷荷包的方式，便是透過塗料的應用，除了施工快速之外，搭配不同設計與工藝手法，能創造出千變萬化的立面樣貌。把握各種明度／彩度、對比／和諧色的組合，運用塗料在壁面繪出幾何造型或天馬行空的創意圖案，或者以特殊塗料搭配塗刷工具、上漆技法，營造凹凸、立體的立面效果，壁面就如同畫布般，讓塗料顏色無聲卻有力地詮釋空間情感，揮灑家的獨特風格與多姿多彩。

造型&工法

一般常見的塗料包括乳膠漆、水泥漆等，有別於過去單一底色的做法，目前塗料的美學應用有了卓越突破，搭配整體居家的色彩計畫，將立面主牆顏色延伸至其他空間，甚至透過畫作、燈光、軟件、傢具的佈局呼應，即便色彩單純也能有突出表現。塗料花樣變化上，除了單底色基調之外，運用幾何或圖案彩繪形式上漆，能創造出鮮明的立面焦點，帶來眼睛一亮的視覺感受。搭配適當的上漆工具與工法，能為居家打造層次豐富、裝飾效果十足的獨特立面。

圖片提供__FUGE馥閣設計

塗料工法
01 塗刷工具與技法（滾輪、乾刷、拍打、鏝抹等）

　　傳統塗料、特殊塗料的形式表現變化極大，除了面料材質本身質感的差異（如平滑／顆粒、液體／泥狀膏狀、含石材／含鐵鏽成分等等），若再透過適宜的上漆工具（如噴槍、鏝刀、抹刀、刮刀、海綿、印花滾輪、造型印刷片及特殊扒梳工具等），搭配變化多元的上漆技術（包括噴塗、平塗、堆疊、乾刷、拍打、扒梳、鏝抹，也能結合上述技法綜合出不同效果），不論是紋路圖樣、肌理、波浪、浮雕、仿舊、滾布的效果，皆能呈現獨特手感與藝術美感，使塗料成為表現力極強的空間素材。

圖片提供＿懷特室內設計

圖片提供＿懷特室內設計

Methods

施工 Tips

1. **注意立面平整度。** 若立面希望呈現細緻平滑效果，上漆前須先整平牆面，批土、打磨後，上完底漆，再上1～2層面漆。

2. **選擇合適的塗刷工具。** 若為特殊漆料或藝術塗料，選擇合適的塗刷工具，能創造不同紋理的立體效果，施工前則須確認工具是否乾淨無汙、無掉毛毀損。

3. **建議由高至低塗刷。** 塗刷順序由高至低，若有接縫處或窗框，也建議先處理後再刷牆體。

塗料工法
02 噴漆

若要在單一底色基調之下做出不同美感變化，可透過設備的應用帶來特殊效果。譬如大範圍的立面空間，或是轉角、弧面圓柱等，可採用高壓噴漆槍工具輔助，以噴塗方式上漆，能創造出均勻細膩、渾然一體的塗裝效果，也不易產生上漆死角。單色濃淡的漸層變化，或是雙色或多色搭配，使空間更具層次、氛圍柔和清新。

噴漆來回塗佈次數、停留時間，以及施作的穩定度，控制著顏色的厚薄、深淺，也是藝術匠師的專業技術和美感表現。範例圖中，沙發背牆的灰藍色漸層噴漆，使挑高空間尺度保留延伸感又不致顯得冷清，旁邊搭配一幅相同的漸層噴漆畫作，實景與圖畫、似景又似畫，帶來饒富趣味的空間對映。

Methods

施工 Tips

1. **噴漆前需先上底漆。** 噴漆塗佈之前，牆壁仍需先上底漆，才能使成色更好。
2. **注意手部穩定與噴塗次數。** 執行時須注意手部穩定度以及來回噴塗的次數，使漸層變化看起來更自然。
3. **不要過度噴塗。** 避免過度噴塗造成垂流現象。

圖片提供__FUGE 馥閣設計　　　　圖片提供__FUGE 馥閣設計

塗料工法
03 幾何切割色塊

塗料以幾何切割色塊或圖案形式，與空間融合為一的構圖裝飾，使立面有著天馬行空的無限創意，既能俏皮可愛，也能現代時尚。運用色彩心理學，讓人在空間中擁有不同的情緒感受，如對比強烈、活潑跳色的多角構圖，能營造繽紛活潑的視覺效果，淡雅柔和、溫暖和諧的圓弧構圖，則能帶來沉穩平靜感受。

此外，幾何圖案還能分割立面視線，改變「空間的視覺感」，譬如水平條紋讓視覺橫向延伸，使空間看起來更為寬敞；垂直條紋則能讓視線往上伸展，空間仿彿變得更加高挑。

Methods

施工 Tips

1. **先打草稿。**圖案在施作之前，可用淺色筆於立面上先打草稿，比較不會有畫錯的疑慮。
2. **使用遮蔽膠帶避免沾染。**為避免不小心沾染到其他地方，可事先用遮蔽膠帶，將不需塗佈的地方貼起來，以方便施作。
3. **去除牆面油漬。**若牆面上發現有油漬，最好刮除打掉一層水泥層，以防日後凸起。

圖片提供＿寓子設計　　　　　　　　圖片提供＿合砌設計

塗料工法
04 結合燈光與畫作

對於喜愛藝術、收藏畫作的人而言,若能讓家的立面成為畫作展演舞台,空間便多了一分藝廊情境想像。不論是畫作或雕塑收藏,該如何挑選牆壁漆料色彩?可運用「對比襯托」或「和諧延伸」的配色概念。

背景襯托,是透過單純的塗料為底,以差異色階或冷色調對比突顯畫作,沒有多餘裝飾的簡鍊,讓漆色成為烘托畫作的最佳背景;和諧延伸,是選擇與畫作相同色系,使牆面色彩成為畫作的延伸,整體和諧一致,相得益彰。

另一種為立面美感加分的技巧,則是透過燈光的配置,尤其表面凹凸或富含顆粒肌理的特殊塗料,運用光源的照射輝映,能讓壁面突破平面尺度,展演出更立體的層次美感。

施工 Tips

1. **正確選擇燈光與畫作。** 光線與漆色背景能為畫作加分,漆色的挑選不論是對比色或和諧色,皆能為畫作與空間帶來完全不同的效果呈現。

2. **先預留燈座。** 投射燈或間接燈,營造出的洗牆光效果,可讓牆面塗料的凹凸或顆粒紋理清晰突顯,不同紋理適合的燈光角度各異,在施工時先預留燈座,塗料完成後再微調光源角度。

圖片提供__璞沃空間　　　　　　　　　圖片提供__FUGE 馥閣設計

塗料工法
05 仿飾漆的運用

仿飾漆如字義得知，是一種仿造其他建材質感的塗料，包括仿木紋、仿石材紋、仿布紋、仿清水模、仿金屬、仿皮革等，高度的擬真效果與裝飾性，加上相對平易近人的價格（部分仿飾漆較原材質價格可親，但並非全部），讓現在仿飾漆的應用越來越廣泛。

譬如近年風行的日式簡約風格、工業風、LOFT風空間中常見的清水模立面及水泥粉光立面，也可透過仿飾漆完成。由於傳統清水模的施工難度高、灌漿失敗率大，因此仿清水模的仿飾漆帶來了經濟實惠的絕佳替代方案，只需搭配仿飾漆施工技法，便能打造出不論視覺或觸感皆幾可亂真的清水模立面，而且材質透氣、防水、防裂，日後維護清潔上也更為簡便。

圖片提供__FUGE馥閣設計

圖片提供__寓子設計

Methods

施工Tips

1. **注意壁面平整、乾燥度。** 仿清水模工法在施工之前，須先將牆面整平並確認完全乾燥；底漆、保護漆的間隔時間須確實遵守。
2. **事先規劃作記號。** 立面的分模線及孔洞位置可事先規劃作記號。塗上清水模仿飾漆，做出溢漿感的塊面分模線，再壓印圓形孔洞。
3. **修飾表面。** 完成後表面可再做一些水泥質感的壓花處理，調整修飾塗料顏色，讓真實感更為提升。

混材

塗料因其液膏狀、泥質特性，可塑性極高，易與其他素材結合，不論是磚材、金屬、木素材等，透過得宜的混材設計，能賦予空間更多元的風格樣貌。磚材與塗料的混搭，能創造出特有的自然風格與手感質地；金屬與塗料的結合，可輕盈、可濃重、可現代冷冽、可粗獷個性，變化極高；木素材與塗料的搭配，不但能改變空間色彩，烤漆還能創造光潔易擦拭維護的居家環境。聰明使用，便能讓塗料為空間設計加分，即便是局部運用也具畫龍點睛效果！

塗料混搭

01 塗料×磚材

磚材與塗料混搭，在居家空間中較常見的有磚牆、文化石的上漆處理。磚與塗料在結合時，須注意部分磚材表面較為平滑，塗料不易附著上漆，可選擇合適磚材，或是先打毛處理，以便於塗料施作。

空間案例中，臥房床頭隔間以紅磚砌牆，並將表層打鑿成仿拆除、不規則的斑駁手感，塗佈上白漆，能中和頹圮蕭瑟感，使之具有個性又不過度張揚，保有睡寢空間的沉靜氛圍。右側靠窗牆體，則結合木作噴漆板材打造，讓木作書桌與白牆壁面平滑無縫、穩定接合。砌磚白漆牆、木作板材噴漆牆，空間左右並存了凹凸與平滑、粗獷與細緻，兩種不同界面對比，在日光斜映下，營造出不同時光轉移的過渡之感。

施工 Tips

1. **待磚牆內的水泥全乾才能上漆。** 剛砌好的磚牆內含水氣，須待磚牆內部的水泥全乾（乾燥時間須視天氣而定），才能上漆，避免未來漆面起泡脫落。

2. **上漆前先打毛表面。** 若磚面太平滑，塗料不易附著，上漆前可先打毛表面。

3. **上漆時必須留意角度。** 砌磚縫隙在塗刷時易遇到洞縫或卡角，上漆時應留意角度，避免塗料不均或垂流。

圖片提供__路裏設計

塗料混搭
02 塗料X金屬

室內建材中常用的金屬，包括生鐵、黑鐵與不鏽鋼。金屬特有的冷冽質堅，可任意切割、彎曲，是可塑性極高的素材，在居家應用上，既能散發粗獷個性的工業風，也能妝點出時尚精緻的現代感。金屬與塗料的混搭，可透過塗料鋪陳立面背景作為基底，搭配金屬元件局部點綴；此外，在亮面金屬原色之外，還可將金屬上漆塗裝，藉由塗料使金屬表材呈現更多不同表情風貌，如金屬管件的上漆消光處理，或金屬薄片運用各色噴漆製成輕盈的收納層板等。

空間案例中，鐵件圓管噴塗白漆，上下端搭配銅金色金屬套管作為裝飾與收邊，圓管線條纖細簡潔，使整體層櫃看起來如優雅行板、輕巧無壓；第二個空間案例中，牆體嵌入白色噴漆鐵件薄板，並以弧線造型切割，使展示造型書架線條流暢，如行雲流水一般。

施工 Tips

1. **用塗料削弱金屬的冰冷感。**金屬搭配塗料，不但能有更多質感色彩的變化，也能削弱金屬的冰冷感。
2. **選擇合適塗料。**選擇能與金屬密著的合適塗料，須先上底漆，乾燥後研磨整平，再上面漆。
3. **金屬塗裝須仔細完整。**金屬建材除了不鏽鋼之外，生鐵與黑鐵透過表面塗裝可強化防鏽效果，故塗裝須完整仔細、面面俱到。

圖片提供＿FUGE 馥閣設計   圖片提供＿森境＋王俊宏室內設計

塗料混搭
03 塗料 X 木素材

　　木素材與塗料的混搭，在居家空間的應用相當廣泛常見，包括櫃體、隔牆、門片設計中，都能發現這兩種素材的完美結合。施工之前，塗料該如何選擇？可從是否為「接觸面」，以及是否要「保留木紋」兩個面向來談。

　　首先，若立面為經常接觸的地方，如無把手的隱藏門片或收納木櫃等，可考慮以烤漆方式處理木素材，會較一般乳膠漆更容易擦拭清潔，如空間案例中的橘紅色烤漆格櫃；另外，若要保留木材的自然紋理，則須選擇不會覆蓋木紋的特殊塗料，如木工藝漆料或舊莊園塗料等，既能顯色又不會將木紋完全覆蓋，如空間案例中，在藍、綠、黃色塗料之下，還能清楚看到栓木木紋，空間洋溢活潑自然的鄉村風氣息。

圖片提供＿FUGE 馥閣設計

圖片提供＿FUGE 馥閣設計

施工 Tips

Methods

1. **密底板較夾板適合當烤漆底材。** 烤漆的底材選擇，一般而言密底板較夾板適合，前者較不易因空氣濕度使底材變質透色，表面也不易起木絲，適合整平處理。

2. **重複多道工序，才能使漆面完美。** 烤漆之前須先批土、打磨並重複多次工序，噴塗烤漆面料也須重複多道，才能使漆面成色完美。

3. **木素材與塗料的選擇很重要。** 木素材與塗料的結合，若要保留木紋肌理，須事前選擇顯色又能透質的特殊塗料，木素材也須挑選紋路清楚的木皮種類，如栓木或橡木等，才能有最佳效果呈現。

5 | 營造自然質樸的元素
水泥

Part1
認識水泥

水泥，可說是當今最重要的建築材料之一，主要由添加物（膠凝材料）、骨料（砂石）及水所組成，是一種具有膠結性的物質，調整成分比例及添加物調整其特性後，可用於各類環境的建築，依照膠結性質的不同，區分為水硬性水泥與非水硬性水泥。

原本是建築材料的水泥，漸漸從結構功能走進居家空間，不再覆蓋裝飾面材質，而是直接以完成面的方式展現空間風格，看似單調的表面透過各種板模展現多種表面紋理。在繁忙的現代生活，水泥傳達空間質樸感的特性，且容易與其他天然材質混搭，成為不少人青睞的裝潢選擇。目前運用水泥為立面設計有兩種形式：

圖片提供__極簡室內設計

☑ 1 清水模

清水模是以混凝土灌漿澆置而成，表面不再做任何粉飾，呈現水泥的質感。其一體成型的美感，可以節省立面飾材。雖然造價不斐，但清水模散發出混凝土自然的原始色澤質感，質樸穩重的氛圍廣受大眾喜愛。

☑ 2 後製清水模

近幾年來，因為安藤忠雄帶動清水模建築興起，水泥開始從配角轉變為主角。但由於清水模工法的失敗率較高、且造價昂貴，因此研發出「SA後製清水工法」，此工法以混凝土混合其他添加物製成，可用來處理清水模建築的基面不平整、蜂窩、麻面等缺失。造價相對比清水模便宜，成為清水模的最佳替代建材。

現代風的指標建材
01 清水模

| 適合風格 | 極簡、現代風
| 適用空間 | 各種空間均適用
| 計價方式 | 視建築設計而定
| 價格帶 | 視建築設計而定
| 產地來源 | 台灣

圖片提供＿品楨空間設計

材質特色

所謂的「清水」是指混凝土灌漿澆置完成將模板拆卸後，表面不再作任何粉飾裝修處理（僅塗佈防護劑），而使混凝土表面透過模板本身呈現出質感的工法，因此，清水模施作後的完成牆面，呈現表面光滑且分割一致的「細緻質感」；模板若是木紋模，牆面就能刻印出木頭紋路的質感。

種類有哪些

清水混凝土專用夾板有菲林板與芬蘭板、日本黃板，與木紋清水模板。菲林板又稱為黑板，表面為黑色熱熔膠，差別為規格尺寸不同，完成面效果平整，光亮度接近霧面。日本黃板又稱為優力膠板，防水、抗熱與抗酸性良好，完成面較為光亮。木紋清水模板多使用杉木與松木製作，可依照需求加工木料，使其具有深淺紋路，呈現出不同立體感。

挑選方式

請挑選專用夾板，並非可用於板模的板材就是清水模板，除前述三類之外，也有不少以塗裝防水夾板、美耐板取代的作法，其差別在於僅能使用一次或兩次即報廢。另外，挑選專業有品質的廠商，會比較有保障。

圖片提供＿＿品楨空間設計

保證成功的清水模

02 後製清水模

| **適合風格** | 工業風、Loft風、日式禪風、現代簡約
| **適用空間** | 立面、天花
| **計價方式** | 以平方公尺計算
| **價格帶** | 最低施工面積為30平方公尺，NT.90000 ～ 100000元；
30平方公尺以上，NT.2500元／平方公尺（連工帶料）
| **產地來源** | 日本

圖片提供__極簡室內設計

材質特色

日本菊水化工開發出「SA後製清水工法」，是以混凝土混合其他添加物製成，除了用於修補清水模的基面不平整、嚴重漏漿、蜂窩、麻面、歪斜等缺失，還可用在室內裝修立面及天花。不僅可在施作前打樣供顧客確認色澤花紋，且適用於任何底材，厚度亦只有0.3公厘，不會造成建築結構的負擔，廠商還可依喜好於表面打孔、畫出木紋樣式、溝縫等效果，施作後的效果與灌注清水模極為類似，是喜好此風格但擔心失敗，或預算較低時的另一選擇。

種類有哪些

「SA後製清水工法」施作於室內或居家環境時，由師傅以手工具製作，可依其呈現的外觀區分不同類別。第一種為自然溝縫形式，仿照灌注清水模做出木板拼接造成的溝縫，可分為自然溝紋、深溝紋、溢漿溝紋等樣式。第二種為一般模形式，仿照類似灌注清水模具製作出的樣式，可大致分為木紋模（類似芬蘭板形式）、金屬模等樣式。

圖片提供＿極簡室內設計

挑選方式

由日本導入台灣的「SA後製清水工法」，多半會給予台灣代理商施工授權書，再由該代理商訓練在地工班執行，因此在找廠商時，可要求其出示日方授權書。為確保找到的廠商有能力施工，可檢視廠商過去作品，在確認樣式後先打樣再執行，確保完成面不會差異過大。

Part2
經典立面

水泥凝結大海人生，
穿越地平線的天與光

空間面積｜70平方公尺　**主要建材**｜清水混凝土、
水泥粉光、玻璃、石材

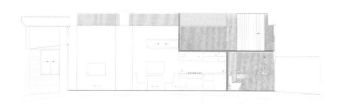

文 陳婷芳
空間設計暨圖片提供　**本晴設計 MINA 連浩延**

↑ **注入想像的水泥輕飄飄** 以水泥建材為設計基礎之下，整個水泥空間焦點分別落在長形牆面與廚房上方的水泥盒子兩個量體上，航海記憶與懸浮情境帶來的輕盈神態，使水泥拋開本身材質束縛，不再沉重。

← **回首航海一生歷程**　並非以水泥表現潑墨為目的，而是意在表達屋主一生航海的人生歷程。澆灌時，透過水泥流動緩慢凝結的細節，其實是凝結了一個動態的海洋，一次次穿越地平線的凝結。

當一個人的大半生都在航海，放眼所及都是海、全是天，目光的盡頭皆是一條條地平線，他的人生就是無數條地平線所勾勒出來的旅程。設計師透過水泥凝結了屋主一生的海洋時光，成就了這個家的核心故事。

本案是位於公寓大樓的一樓住家，受制於先天空間條件，一部分空間為整棟公寓的機械停車使用，形成長條型的建築格局，順勢發展出了特殊的設計構想。進門之後，來到客廳、廚房、浴室，然後在轉角配置主臥，一方面為了維持主視覺牆面的完整性，另一方面特別利用樓高的空間條件，在廚房上方創造一間次臥，猶如一個懸浮的水泥盒子，浮在廚房上面。

此外，在主臥上方利用大面的窗光設計了一席閱讀空間，機械停車的水泥牆上方則規劃成小夾層，可供儲物收納用途與孫子回家時的遊戲場域。為了退休後的屋主而設計的長青宅，動線及走道寬度皆施以無障礙空間設施設計。

水泥是本案最大的重點，以一面穿越海洋為意象的水泥牆，與一個懸浮的水泥盒子創造的量體，在水泥本是重的材質特性之下，整體水泥空間卻能顯得輕盈而溫暖。水泥的語彙美在隱約，含蓄的空間帶來幽微的質韻，純粹而極簡，隨光影自然生成變化，水泥的素雅光澤透露著淡泊沉靜的日常，彷彿凝視臉上的肌理，經過時光的淘洗而越顯耐看。

↓ **水泥澆灌海天地平線**　透過層疊的水泥澆灌，約2公分灌一層，且在每層交接處放入珊瑚砂作為界定，每一次的水泥澆灌就是一條水平的線，隨著高度的累積，形塑遠方隱約的天際線，海洋、天空、雲霧模糊不明，彷如海天一色。

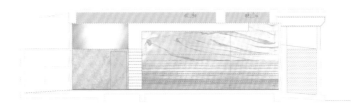

↑ **獨立爬梯通往水泥盒子** 對小坪數長青宅考量實際生活面，廚房上方的次臥是屋主預留給兒子回家住的房間，因此為水泥盒子搭配一個單獨的爬梯，家人作息不互擾。

↙ **水泥結合穿透性材質** 次臥房間輔以玻璃為立面，才不會過於封閉，且透過穿透性的材質設計，與客廳形成視覺上的互動，保留次臥的安靜，既獨立，又可與大空間合而為一。

↘ **水泥與光的溫暖對話** 水泥本身是灰的，介於純然的黑與純然的白之間的一些模糊，在不同的光線之下，水泥會產生不同的暈染、多樣貌的灰階，散發出一種無以名狀的溫暖氛圍，無論冷暖色調去佈置家，與水泥搭配起來都不違和。

↖ **水泥主牆延續樓梯律動**　主視覺水泥牆在樓梯轉角繼續延展過去，從轉折角度看過去，像是一個律動感的量體，而不僅僅只是單純的牆面表述。由於樓梯轉角是迎光面，光影變化豐富，水泥表現的感受也更多層次。

↗ **從格局衍生虛實空間**　由於整棟公寓的機械停車限制了空間格局，於是利用屋高與開窗面的兩個條件，在主臥之上營造一閱讀空間，水泥樓梯也連結了機械停車上方的小夾層。

TREND

水泥流行趨勢

水泥開始從幕後走到幕前。其實水泥是所有材料中最敏感的，水泥講究的是工法，無論水泥粉光、混凝土澆灌，工法越趨於成熟，水泥表情也會越來越豐富，也就是說水泥的趨勢其實攸關於技術的純熟與否，而非與風格有關。水泥從被當成打底的材料，提升為視覺上的立面設計，代表水泥從幕後走到幕前了。

Part3
設計形式

台灣水泥工業已有將近90年的發展歷史，由於水泥過去都以未經修飾的粗糙表面呈現，在裝修設計上，傳統多以石材、石英磚或木材質呈現，使混凝材大多隱藏在表面材質後頭，作為基礎的架構或重新粉刷、鋪設磚石之用，但隨著安藤忠雄帶動清水模建築的興起，水泥材質反而從配角躍升為主角，它的原始、純樸質感成為表現現代風格的空間元素。

造型&工法

水泥原始的質感與顏色，最能展現隨興的生活態度，因此越來越多人傾向不多做修飾，讓水泥原色直接裸露於居家空間。以單一材料呈現最原始的模樣，沒有裝飾、開模即完工的特殊性，讓清水模日漸受到大家的喜愛，可塑性極高的混凝土，灌漿燒製後再拆掉模板是常見的施工手法，透過不同的模板，可展現多變的造型與表面質感，為住宅風格帶來不可預期的驚喜感，但成形過程中仍有失敗風險，需要特別注意。

圖片提供__極簡室內設計

水泥工法
01 清水模工法

　　未加修飾的水泥散發出自然純樸質感、粗獷味道，在廣大的空間裡，尤能顯現其原始風味，可營造出現代風、工業風或日式禪風。清水模在生產與製造過程中不會經過二次施工，因而能表現出材質的原味，展現自然風格，灰色細膩表面，對光線陰影的感應力極高。

　　打造清水模立面必須靠整個團隊（設計與施工）規劃設計、掌握施工精準度，將簡單的清水混凝土與力學結構相結合，做出一件典雅、剛柔並濟的作品。管理是清水模工法最重要的成敗關鍵，主導本項工程者應具備足夠清水模之理念、經驗和認知才能有效統合整個團隊運作，確保施工品質。因此，清水混凝土建築在規劃設計時，設計者與施工者必須充分溝通，討論出既美觀且易施工之設計方式，若僅重視設計感而無視於施工性，較容易導致施工缺失。

圖片提供__本晴設計

Methods

施工 Tips

1. **須做好前置規劃。**從牆裡牆外到地面天花，所有設備與開關尺寸，都要在前置規劃整合，並且裁量模板尺寸與組模方式，才能達到超高精準度。
2. **下雨天不能灌漿，且須注意不能中斷。**灌漿不能中斷，以免留下冷縫，而下雨天也不能實施灌漿。
3. **混凝土沙漿與強度控制。**模板不應以傳統鐵線固定，應採適當之清水模板繫結件，並加強模板支撐穩固性及水密性，單次灌漿範圍也需計算，以免負荷不了產生沉板、變形、扭轉或嚴重漏漿。

水泥工法
02 後製清水工法

最正統的清水模工法，一定要用鋼板當模板，但台灣有許多清水模製造商通常是用木心板合板下去灌注清水模，導致孔隙多且表面不平整、自然，甚至有爆漿、崩模現象，而出現第一種修飾工法，是為了修飾清水模上的瑕疵、不平整之處，再做輕薄的一層修飾。

第二種是後製清水工法，就是利用批土加上含有樹脂的仿清水模塗料，將本來不是清水模的牆面變得像是清水模一般。後製清水工法與市面常見清水模塗料的最大差異在於，後製清水工法是採用色砂溶於專用調和劑之中，以滲透式的施作方式創作出如同清水混凝土的透亮層次質感，而且可以做出水泥粉光、平滑面鑽孔、木紋等多樣變化，完工後的室內清水模牆面本身就有隔水特性，不需要特別保養，能夠直接用濕毛巾沾濕擦拭，相當便利，也可以維持超過15年的時間。

圖片提供＿ 鈴鹿塗料

圖片提供＿ 鈴鹿塗料

Methods

施工 Tips

1. **評估立面底材可否施作後製清水模工法。**後製清水模無施作底材之限制，但在施工前仍要請廠商現況評估，以確認是否有任何風險，以及是否因需要修補底面而可能衍生之任何費用。

2. **工程最後再施作後製清水工法。**因後製清水工法施作面薄且質地脆，須避免碰撞產生龜裂或損傷，因此，以室內裝修時程來說，儘量在最終清潔前進場施作。

圖片提供__極簡室內設計

混材

現代人漸漸能接受不過度裝潢的居家設計，純粹展現材質本身樣貌，而不刻意修飾的方式，使得一些可以作為結構及完成面的材質如水泥、金屬、板材等，被重新思考在基礎建材的使用價值。若就水泥表現特性來說，運用在居家空間之中過於冷靜理性，加上水泥施工上有一定的難度，對於細節表現的靈活要求常不盡理想，因此與自然溫暖的木素材搭配，正好緩和水泥的冰冷調性，並可彌補水泥缺點。以下將介紹水泥與木素材、水泥與板材、水泥與金屬這三種異材質的混搭應用。

水泥混搭

01 水泥╳木素材

木素材和水泥基本上是構成空間的結構材料，卻有著截然不同的特質，來自於樹林的木素材質地溫和、紋理豐富，給人溫暖放鬆的感覺；自石灰岩開採製成的水泥成形後質感冰冷，傳遞永恆寧靜的氛圍，這兩種素材皆取自於自然，雖然特質不同卻同樣散發著純樸無華的質地。灰色的水泥若表面沒有施作任何裝飾材，呈現一種未完工的樣貌，早期並非一般居家能接受，隨著近年工業風、Loft風等講求樸實、不刻意修飾的空間風格潮流影響，水泥原始質樸的色澤反而廣受喜愛。

一般來說，水泥因施作工法需架設板模灌漿塑形，適合大面積或塊體使用，因此大多運用在牆面、地面及檯面，而木素材施作較容易，變化也較靈活，大多以櫃體、門板及傢具的形式與水泥搭配，調和出單純樸實的現代空間感。

施工 Tips

1. **水泥施作講求精準度。** 水泥為空間結構或檯面時需經過製作板模、灌漿澆製然後拆模等成形動作，由於水泥隱藏不可控制變數，製作傢具或檯面必須講求設計及施工的精準度。

2. **先施作水泥，後施作木作。** 了解木素材和水泥特性後，即可明白這兩種素材的搭配施工的先後順序，由於水泥施作難度高，修改調整靈活度低，大致上來說應先施作水泥，然後才是木作。

圖片提供__六相設計

水泥混搭
02 水泥╳板材

水泥為目前建築的主要材料之一，板材則除了作為隔間、天花板材外，主要功能是作為裝飾材用途。原本屬於基礎建材與空間配角的這兩種建材，近幾年在追求不多做修飾的設計潮流影響下，漸漸擺脫過去印象，被大量混用於居家空間。相對於水泥的簡單、質樸，板材因構成的材質不同而有較多選擇，常見與水泥做搭配的有鑽泥板、OSB板、夾板等，其中碎木料壓製而成的OSB板及含有木絲纖維的鑽泥板，二者表面粗獷的肌理正好與水泥的不加修飾調性一致，彼此互相搭配能強調空間的鮮明個性，同時又能軟化水泥的冰冷，為居家增添溫度。

至於利用膠合方式將木片堆疊壓製而成的夾板，經常不再多加修飾展現木素材天然紋理，與水泥一樣追求反璞歸真的原始感，而且二者皆可作為結構體同時也可是完成面，互相搭配不只能展現材料本身的質樸感，更是簡約風格的新詮釋。

Methods

施工 Tips

1. **選用適合的收邊處理。**板材收邊較常出現在製作櫃體，一般會採用收邊條做收邊處理，大多選貼木皮收邊條，但如果喜愛天然質感則可選擇實木收邊條，當以板材做成隔間牆而地坪為水泥時，則在二者交接處以矽膠做收邊處理即可。

2. **先將木素材製成基礎板材再運送。**目前為了讓施工及運送方便，木素材大部分都先製成一定規格尺寸的基礎板材，然後再進行後續的加工部分，除了實木是將樹木直接鋸切成木板或木條加以運用，其他合板大多都需要製作成形再貼皮使用。

圖片提供＿六相設計

水泥混搭

03 水泥X金屬

水泥自然不造作的紋路與質地，與混搭性極高的特質，為空間帶來舒適人文氣息。在設計手法上，除了作為清水模牆面，帶來自然質感空間，生活中也常見以鋼構為主要結構，再以光滑模板灌漿而成，例如以鋼構技巧，打造出懸臂樓梯，呈現視覺輕盈感。

水泥與鐵件的結合，是營造個性獨特、潮流感的絕佳搭配，像是運用鏽感表面處理的鐵件包覆水泥牆柱，或是自由混搭在寬闊空間中，都能創造穿透與層次錯落的空間表情。具有豐厚度的水泥牆，中間嵌入薄型鐵件，可形成材料多種變化可能，而這也是木質無法完成的任務，希望創造更多想像的居家風格，可透過運用一些顏色鮮明、質感特殊，或是帶有懷舊味道的傢具傢飾做搭配，即能營造出獨一無二的居家氛圍。

圖片提供＿本晴設計

Methods

施工 Tips

1. **水泥施工時須平整表面。** 台灣人習慣用收邊條或是裝飾材收邊，不過，若是以水泥搭配的工業風，多半保留水泥的直角和原始感，而且水泥容易受潮，故通常會凹凸不平，施工時須做表面的平整。

2. **注意立面的承重力。** 當水泥與鐵件或金屬面做結合時，要注意是否足夠承受其重力，施工時，要避免灌注水泥後產生銜接面裂縫，故收邊時也要特別注意。

Part4
替代材質

自從日本建築大師安藤忠雄的清水模工法席捲全球後,清水模就此進入居家設計當中。不過,喜愛清水模造型的業主在與設計師討論立面設計時,聽到清水模的報價後,往往會選擇其他替代材質。目前除了後製清水工法之外,還有色彩均勻穩定的仿清水模磚、快速更換的仿清水模壁紙、擬真效果佳的仿清水模塗料、紋路細緻美觀的仿清水模牆板,以及水泥板,都是仿清水模的替代材質。

01 仿清水模磚

仿清水模磚能仿照清水混凝土般的素淨面感,內斂霧面的灰色系,帶給人舒適且安全的空間,平凡中帶有細微的紋路變化,賦予生活不同層次的美感。仿清水模磚的特色為使用水泥砂素雅、純淨、極簡的設計,減去過多的裝飾與色彩,能夠表現建材最真實的美麗。

市面上有些仿清水模磚是數位噴墨磁磚,利用無接觸、無印板的列印技術燒製而成的磁磚,是以超高畫素拍攝清水模相片,百分之百擬真還原,不論是質感還是色澤,和實際的清水模牆面相差無幾。此外,仿清水模磚具備色彩均勻穩定、施工技術風險低,現場沒有粉塵問題等優點,成為簡單便利的清水模替代材。

圖片提供＿ 漢樺磁磚

仿清水模磚的特色為使用水泥砂素雅、純淨、極簡的設
計，減去過多的裝飾與色彩，能夠表現建材最真實的美麗。

圖片提供__品楨空間設計

仿清水模磚具備色彩均勻穩定、施工技術風險低，
現場沒有粉塵問題等優點。

02 仿清水模壁紙

　　壁紙多變的樣式與造型，已漸漸成為許多設計師愛用的立面建材之一。前面幾個章節陸續介紹到仿石材壁紙、仿磚紋壁紙……等，這一篇則要介紹仿清水模壁紙。無論是清水模工法，還是後製清水模工法，造價都不便宜，如果業主想要快速讓壁面具備水泥質感，又不希望讓荷包大失血，仿清水模壁紙肯定是第一首選。目前已有建材廠商產出類清水模牆面的壁紙，質感也不輸給清水模的表現。不過，仿清水模壁紙無法像清水模牆的使用年限那麼長，可能會因為潮濕而扭曲變形，要特別注意。

圖片提供＿ 歐德傢俱

如果業主想要快速讓壁面具備水泥質感，
仿清水模壁紙肯定是第一首選。

圖片提供＿ 歐德傢俱

03 仿清水模塗料

　　由於清水模工法受到大眾的喜愛，除了後製清水模工法外，還有各式特殊塗料、藝術塗料可選擇，有些可創造出仿清水模的擬真效果，只要搭配適當的上漆工具與工法，還能打造出清水模的質感與氛圍，藉由工具、工法的不同讓牆面紋理有更多的變化。不過，這與單純使用仿飾漆塗牆有很大的不同，因為仿飾漆塗料僅塗料本身產生顏色變化，如無人工增加變化性，效果較為有限。仿清水模塗料不但成本較低，且施工比真正的清水模工法簡單，1坪材料價格約為NT.900元。

圖片提供＿鈴鹿塗料

仿清水模塗料能呈現簡約北歐風、工業風，且施工簡單可自行DIY。

圖片提供＿鈴鹿塗料

04 仿清水模牆板

　　市面上的仿清水模牆板越來越多，各種材質應有盡有。這一篇要介紹的第一種清水模平板的外觀色澤柔和，深具清水模極簡風格，表面細砂紋路細緻美觀，容易創造出優美的簡約工業風。目前有兩款尺寸，一款是915×1830×6公厘，價格為NT.470元/片；另一款是1220×2440×6公厘，價格為NT.680元/片。

　　另一種是採用全新一代的技術，以聚合天然氧化石材、強化玻璃纖維及聚酯樹酯纖維，使板材能以極薄輕量化的方式鑄形生產出仿清水模的樣貌，外型可說是幾可亂真，目前尺寸只有1300×2850公厘，價格是NT.9200元/片。

圖片提供＿永逢企業

以極薄輕量化的方式鑄形生產出仿清水模的樣貌，外型可說是幾可亂真。

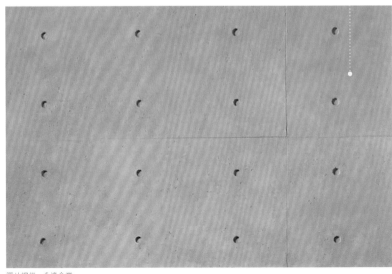

圖片提供＿永逢企業

05 水泥板

以下將介紹木絲水泥板，它結合水泥與木材的雙重優點，有木材般質輕有彈性；同時卻有水泥般堅固，能施作在各樓層立面，展現掛釘強度。此外，擁有清水模平整光滑細緻，為一現代化高品質，經濟實惠的建材。特殊表面紋理突顯出獨特品味與質感。

表面光滑施工方便，加上熱傳導率較大多數水泥板的導熱係數為低，掛釘強度高安全性佳。完成後無需額外加工即可直接上漆，無毒粉塵少，切割汙染少。

圖片提供＿＿永逢企業

不需要花大錢，使用水泥板就能擁有清水模般的視覺效果。

圖片提供＿＿頑渼空間設計

6 ｜ 溫暖兼具療癒效果

木素材

Part 1
認識木素材

圖片提供＿諾禾空間設計

木材能吸收與釋放水氣的特性，具有維持室內溫度與濕度的功能，其溫潤的質地、香味，不論是用於地板、立面亦或是傢具，往往都能將人從整日的緊張感中釋放出來，進而打造出健康舒適的居家空間。

木質溫潤、有機的質感，加上紋路顏色的不同，搭配各種風格而呈現出多元面貌，讓它成為可塑性極高又能展現風格的材料。不過，市面上的原木木材越來越稀少，價格年年高漲，設計師們開始尋求加工快速、降低成本的替代木料，因此陸續出現集層材與二手木等替代選擇。可用於立面設計的木素材有：

☑ **1 實木**　實木以整塊原木裁切，最能完整呈現木質質感，台灣居家裝修中，實木常以整塊原始素材運用在電視牆、客廳與臥室牆面、櫃體門板、天花板等，還能透過加工處理打造不同的木質效果，或是染色、刷白、炭烤、仿舊等處理。

☑ **2 集層材**　集層材可說是使用木素材的必然趨勢，甚至可說是百年來無法被取代的木料之一，經過各類木種壓縮加工，變成另一副嶄新的面貌；除了原木之外，人們也開始尋找替代建材，能夠取代日漸耗竭的森林資源。

☑ **3 二手木**　基於永續環保的觀念，利用價格便宜的二手木，回收再造使木料美麗變身，讓木材的生命能延續不絕。

營造散發自然木香的空間
01 實木

| 適合風格 | 古典風、現代風、鄉村風
| 適用空間 | 客廳、餐廳、書房、臥房
| 計價方式 | 以坪計價（連工帶料）
| 價格帶 | NT.4500 ～ 30000元
| 產地來源 | 台灣、印尼、緬甸、非洲

圖片提供＿山林希家具

材質特色

實木是指以整塊原木所裁切而成的素材，天然的樹木紋理不但能讓空間看起來溫馨，更能散發原木天然香氣，而木材經過長時間的使用後，觸感就變得更溫潤，因此受到大眾的歡迎。木材能吸收與釋放水氣的特性，可以將室內溫度和濕度維持在穩定的範圍內，常保健康舒適的環境。不過，有些實木不適合海島型氣候，易膨脹變形，且易受蟲蛀。

種類有哪些

常見的木種有橡木、柚木、梧桐木、栓木、梣木、胡桃木、松木等。實木也可透過加工處理打造不同的木質效果，如以鋼刷做出風化效果的紋路，或是染色、刷白、炭烤、仿舊等處理。另外，為了減少木材資源的浪費，再加上整塊實木的原料價格高，而改良出將實木刨切成極薄的薄片，黏貼於夾板、木心板等表面，從外觀看同樣能營造出實木的自然質感。

挑選方式

可依照喜好的木種去挑選實木板和實木貼皮，但不同木種會有不同的特性，像是檜木實木板要注意選的木料是心材還是邊材，若是邊材則材質強度與防腐性較心材差；橡木木皮選用60～200條（0.6～2公厘）以上的厚度較佳。在選購時須多問多看。

圖片提供＿＿原木工坊

未來的木材使用趨勢
02 集層材

| 適合風格 | 鄉村風、古典風
| 適用空間 | 客廳、餐廳、臥房
| 計價方式 | 以坪計價（連工帶料）
| 價格帶 | NT.3000 ～ 8000元
| 產地來源 | 北美、德國

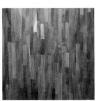

圖片提供＿山林希家具

材質特色

所謂的集層材，是拼接有限的木料而成的木材再製品，多以黏膠合成拼接。近10年來，集層材被大量的使用，成為未來必然的趨勢。乃肇因於森林砍伐受到限制，木材取得困難。再加上集層材是利用三～四片以上的木料接成，相較於須耗費多年時間長成的大塊實木，集層材的加工更快速且製成品的衍生性也多。不論在裝修、傢具或建築上，都能看到集層材的運用。

種類有哪些

製作集層材的木種有柚木、松木、北美橡木等，一般若使用越大塊的木料進行製作，表面質感會越細緻自然。而在裝修上，集層材可製成集層實木板、集層木地板等，用於地面、天花板或壁面裝飾。

圖片提供__101空間設計

挑選方式

仔細觀察表面，以肉眼檢查表面是否有無平整、有明顯壓痕或正面無光澤、色澤不均的現象，也要注意木材邊緣是否有崩壞龜裂。由於集層材為各種木料黏接而成，最大的問題在於要特別注意黏膠成分，有不少業者為了降低成本，而使用具有揮發性氣體（VOC）的黏著劑，用在居家環境，容易引發呼吸道疾病等。因此，在選購時應注意集層材是否有含甲醛、有機溶劑，免得買到危害健康的建材。

回收利用更有味道

03 二手木

| 適合風格 | 鄉村風
| 適用空間 | 客廳、餐廳、書房、臥房、兒童房
| 計價方式 | 以斤計價或以材計價
| 價格帶 | 依木種而定
| 產地來源 | 台灣

圖片提供＿大湖森林室內設計

材質特色

許多人喜歡木頭的觸感溫潤，但考量木素材的價格及維護，目前也很流行使用二手木素材，甚至許多愛好者會直接到二手木材行去買回收木素材製作傢具，價格比全新木材便宜個三到五成，也是環保又划算的做法。由於使用二手木材必須重新再整理，運用與裝修上會比使用新木材花更多的時間、但是價格比新木材便宜許多，而且呈現出來的效果比起仿舊處理更有味道，也切合永續利用的環保觀念。

種類有哪些

二手木材的來源，大多是使用過的木箱、棧板、枕木、房屋建材、老屋木門窗等等。通常可到舊木料行或回收木材店選購，這些店家多位於偏遠地區，回收木料擺放較亂，一疊疊堆放，挑木料時不要怕麻煩，可請老闆將適合尺寸的板材一片片拿出來看木紋花色，要多留點時間逛，才能找到好的二手木材。

挑選方式

由於木材的品質不一，需要仔細觀察木料的表面是否有泡過水的痕跡，若曾浸過水，則內部的木紋顏色會浮出水面，形成黃色的汙漬，表面的木色就不乾淨清晰，避免買回去後，因腐壞而不堪久用。另外，儘量不選擇集層角料，因為集層角混合各種木材，經過壓縮再用膠水黏合，泡過水後會一片片剝落，再次使用的話，其使用年限較短。

圖片提供＿大湖森林室內設計

Part2
經典立面

文 劉綵荷

利用木質滑門，
轉換室內空間的樣貌

空間面積｜165平方公尺　**主要建材**｜木皮板、實木南
方松、木地板、黑色金屬烤漆鐵件、復古文化石磚、乳
膠漆、霧面烤漆板、馬賽克磚

文 劉綵荷
空間設計暨圖片提供　竹工凡木設計研究室

↑ **大膽的景觀浴池設計** 屋主是一對年輕夫妻，男主人又是在家工作的金融操盤手，設計師用了一個大膽又前衛的設計概念——在餐廳旁建造了一個景觀浴池，明亮的天空藍讓浴池成為空間的視覺亮點，又讓用餐彷彿像在泳池邊的野餐。

← **隱藏的私人空間**　餐廳旁有一處私人空間，平時以木製旋轉門片隱藏於後，木片時而為牆，時而為門的型態，弱化了空間與空間彼此的虛實對應，在這樣一個充滿隱私感的小天地中，可以發呆、沉思、閱讀、小憩……

　　此案是一對年輕夫妻在大台北都會核心區北側近郊高層公寓住宅，室內平面狹長形呈現，設計師考量到男主人是在家工作的金融操盤手，因而巧妙地將服務性的機能空間收攏於入口處的長向一側，其餘主要生活與工作場域，則散置於一個全然敞開的大型區域內，並透過可開闔移動的牆面與隔屏，形成可隨不同時間、氛圍與使用需求，轉換不同組構空間關係的室內樣態。

　　全案以木質材料的自然觸感，溫潤的視覺氛圍營造為主調，整體室內由可滑動的木質滑門門片貫穿其中，時而為牆，時而為門的形態，弱化了空間與空間彼此的虛實對應。甫踏入大門，由梧桐木皮牆面、木地板與灰黑色系金屬鐵件混搭而成的玄關，以四十五度轉折的迂迴，創造出一道低調而誠摯的邀請。位處室內中心位置的餐廳，則成為連結各個不同場域的中介區塊，藉由木質滑門與可移動、旋轉的電視牆，充分展現出空間隨使用模式調整的機動與多變性，建構出開放中亦保有私密感的場域，由客廳、餐廳、景觀浴池與原木組建的廚房，建構於主要公共場域內，以全然開放的形式，呈現寬廣而舒適的居家生活空間；後半部為工作區與主臥房，延續公共場域以木質鋪面結合灰黑色調的質感，呈現統一的暖色調性。整體空間在簡約語彙中，以最單純的手法，將複合而多樣的空間，恰如其分地融合於一體。

← **自然而溫馨的客廳**　木質牆面、木質天花板，加上木質與黑色金屬烤漆鐵件的大型收納櫃體，以及復古文化石磚，搭配灰色沙發與灰色地毯，讓整體客廳的氛圍沉穩中帶有溫暖，而吉他、提琴與鋼琴的置放，又鮮明地點出了主人的音樂素養。

→ **創造宛如度假的悠閒感**　景觀浴池輔以四周木格柵環繞的包覆式設計，正對落地窗外植栽扶疏的室內陽台，以陽光綠意，在相對有限的室內空間，創造如同度假休閒般的閒適感受，當然在無外人的情形下，也可以享受泡澡的樂趣。

←　↓　**溫潤而有氣勢的玄關**　玄關由梧桐木皮牆面、木地板與灰黑色系金屬鐵件混搭而成，空間相當寬闊，可容納好幾個人在此也不嫌擁擠狹窄，連自行車都可從容停放在此，兩個齒型木做椅子貼心讓人能坐著穿脫鞋。

↑ ↗ **工業風的洗手檯**　在客用的半套衛浴間，設計師採用一個類似皮革捆綁懸吊的鏡子，搭配金色水龍頭，以及側面的黑色金屬烤漆鐵件收納格，展現濃郁的工業風。而黑色牆面與木質牆面的鮮明對比，也讓這一個小小的空間，多了層次感。

TREND

木素材流行趨勢

經過染色上漆的木素材為今年的流行趨勢。木素材的原色一直是深受大眾喜愛的主流色系，經過染色的灰色、褐色調，以及透過上漆讓顏色更深的木色，也越來越受到大眾注目。除了顏色之外，天然的木頭紋理不但能讓空間看起來溫馨，更散發香氣，彷彿走入森林間呼吸芬多精，輕鬆打造自然木感住宅。

Part3
設計形式

生活在熱鬧便利的都市，有時會很想念山林裡樹木的味道，也有越來越多人希望回到沒有過多堆砌，只需要紓壓的家。木素材的溫潤不只能改變冰冷的空間，還能透過不同的造型工法改變原有的樣貌。此外，木素材在立面的應用方式變化多端，可以是吸引人的端景牆，也可以是門口的玄關櫃體設計。以下將介紹木素材的造型工法與混材設計。

造型&工法

木素材已是居家空間不能缺少的要角，它的質感溫潤，加上紋路顏色的不同，讓它成為可塑性極高又能展現風格的材質。不妨將木素材想成一件百搭的單品，無論是拼貼、格柵、深淺木頭交疊、結合木雕藝術，還是染色處理，它都能因為造型工法的變化而產生豐富的層次感，並能結合異材質，進而創造獨特立面。

圖片提供＿柏成設計

木素材造型
01 木皮拼貼

天然木皮不僅樹種豐富，產生的紋理表現也大相逕庭，所以不同的拼貼方式，正是用來設計各種木皮獨特個性的方式之一，使木皮可以在各自的紋理當中找到最恰當的排列方式，讓每一片都能如實呈現最佳立面。

右上方圖例中，運用整面的深色木皮牆，不僅可以呼應傢具與櫃體的色調，還能使空間更沉穩，更有原始粗曠的味道，更能表現居住者崇尚自然的生活品味。

右下方圖例中，以橡木染灰木皮創造前後交疊的挑高立面，讓人遠看以為是異材質，近看卻能看出木頭紋理，為空間增添質感。

木皮拼貼的方式多元，只要運用小巧思和大膽實驗的精神，除了利用相同木皮拼貼外，運用不同樹種的表面紋理增添視覺變化，更是現今裝潢設計創造氛圍不可或缺的方式。

圖片提供＿諾禾空間設計

圖片提供＿相即設計

Methods

施工 Tips

1. **木皮厚度很重要。** 若是選用橡木木皮進行染色處理，建議選60～200條（0.6～2公厘）以上厚度的木皮較佳。
2. **確定牆面平整。** 要做木皮拼貼時，除了要確定牆面平整之外，還需要做好牆面防潮措施，以免施工後出現木皮翹起等現象。

木素材造型
02 木質格柵線條

如果喜歡低調又充滿禪風的設計，木質格柵絕對會是第一首選，木頭溫潤質感配上根根分明的格柵設計，一是能拉長空間尺度，產生空間對話，二是隔柵的透光度肯定會比一面隔間牆更高，使室內整體裝飾更上一層樓。

左下方圖例中的木質格柵還隱藏一扇門，運用巧思讓一面牆富有耐人尋味的神祕感。

此外，過去格柵線條的設計通常會給人黯淡笨重與阻隔之感，若希望跳脫舊有設計，可以在格柵上噴漆或上漆，展現有別於以往的視覺風景，右下方圖例則是將木格柵轉換成白色，讓立面更具特色。

Methods

施工 Tips

1. **選用硬木來做木格柵。** 選用柚木、紫檀、紅翅木等木質比較硬的實木來做格柵，不然，立面支撐力可能無法持續較長時間。

2. **運用貼皮木格柵。** 如果擔心無法挑選到滿意的實木木頭硬度或是花色，可以使用貼皮木格柵來替代實木，不僅可節省成本，還能確保花紋一致。

圖片提供__相即設計

圖片提供__相即設計

木素材造型
03 深淺木頭交疊

如果擔心視覺呈現上只有簡約木紋會顯得過於單調，可以用深淺木頭交疊，以染了深淺不一的松木原木再交疊，雖然只用一種木頭，但打破一般人對立面光潔、應平鋪至滿的印象，運用厚薄的木材，讓立面更有前後層次感。

下方圖例中，在單純的木作立面之外，再加入黃色烤漆玻璃燈箱，透過燈光的變化，輔以重點打光，讓交疊木頭因為烤漆燈箱的照射而有深淺不一的明暗表現。不僅增添了染色松木的溫潤質感，也讓開放式客廳氛圍更加雅致，並使簡練的設計風格因原木溫醇的觸感加乘，更加自然。

Methods

施工 Tips

1. **搭配燈光。** 如果有加入燈源輔助打出層次感，就需要選擇厚薄不一的木頭，這樣打出來的燈光層次會更漂亮。
2. **顏色搭配很重要。** 以整體空間來選擇木頭的配色，才能讓立面展現絕佳的視覺風景。

圖片提供__原木工坊

木素材造型
04 結合木雕藝術

松木是針葉林種、生長在北美居多、它的特性是表面紋理明顯並且木節較多，可輕易營造天然家居質感，再加上松木毛細孔比較大，能夠符合台灣潮濕的氣候，調節室內的濕氣。另外，松木有別於紫檀、紅翅木等硬木，它偏向軟木，選用軟木類型的木頭來雕刻，一方面比較容易雕刻，二方面給人的感覺比較有溫度、貼近人心，不會太尖銳。

下方圖例中，當木作遇上樹葉、花瓣等植物語彙，便成功帶出生動的廚房立面；手工雕刻的大自然圖騰，與木頭成了絕佳拍檔，再搭配花磚混搭，讓整個立面不只是單調無趣的，而是有變化的藝術品。

Methods

施工 Tips

1. **選用好清潔的材質搭配。** 要考慮木素材設計的位置，如果是位於廚房琉璃檯，建議使用好清潔的玻璃或磁磚，以免水漬、汙漬破壞木素材構造。

2. **考慮整體設計。** 在設計上可以先選好立面主要色系，再挑選木材的配色，與花磚的選用，才不會挑完材質後，發現和整體風格無法搭配。

圖片提供__原木工坊

木素材工法
05 木頭染色處理

首先要介紹的工法是橡木染色，可能是染成白色，或是深褐色，橡木紋理呈直紋狀，本質色彩深受設計師喜愛，而其應用上的最大優點就是具有良好加工性，無論染色或特殊處理都能有不錯的效果，在裝修設計的可變化性也大。其相較胡桃木或其他顏色較深的木種，橡木無論白橡、黃橡或紅橡，上色性極佳，除了吃色容易，可以染成各種想要的顏色外，也能進行雙色染色，並符合居家的整體風格。另外要介紹的是手工松木染色，因為它的毛細孔較大且紋理分明，所以染色處理後，它依然保有木頭的紋路與質地，又能在設計和染色後呈現多元的創意。戴手套沾滿天然木頭染劑，運用三原色調出多達20種色系，以手工一層層為木頭染上新色，賦予居家自然活力氣氛。

Methods

施工 Tips

1. **染色面積大、速度快。**染色的第一筆不要太重，為木頭染色時，面積要大、速度要快，否則染色不均勻，視覺呈現上會沒那麼好看。
2. **別重複上色。**另外要注意的是，別重複交疊染料在木頭上，不然染料將會聚集成塊狀，失去清透感。

圖片提供＿柏成設計　　　　　　圖片提供＿原木工坊

混材

樹木的種類多樣，不同樹種皆擁有獨一無二的肌理紋路及色澤質感，而且包容性強，可輕易搭配各種材質，適度平衡空間調性。因應現在不論是居家或者商業空間追求更具特色的需求，混用異材質在同一個空間，成了現今室內設計的新趨勢，藉由木素材與其他相異材質的混搭與運用，不只增添空間層次，也讓空間有了更多元的樣貌。以下將介紹木素材與石材、木素材與金屬、木素材與板材的混材搭配。

木素材混搭
01 木素材 X 石材

自然材質長期以來就是居家空間的主流建材，其中又以觸感與紋路均能展現柔和感的木素材最受歡迎。而同樣也深受國人喜愛的石材則是另一自然材質的代表，如天斧神工的藝術紋路，加上穩重、堅固的質地感，常被用來突顯空間的安定性與尊貴感；除了天然石材，還有其他如文化石與抿石子、磨石子等人工石材可供選擇，也能展現不同情調與風格。

由於木素材與石材都是天然素材，無論是種類或是本身的紋路變化都相當豐富多元，兩者交互混搭後則可變化出深、淺、濃、淡各種氛圍，同時木素材還可搭配染色、烤漆、燻染、鋼刷面、復古面……各種後製處理來增加細膩質感與色調；至於石材則可在切面上作設計，讓石材呈現出或粗獷或光潔等不同表情，綜合種種，基本上木與石的混搭是最能展顯出自然、紓壓空間的搭配組合。

Methods

施工 Tips

1. **注意石材的維護。**需要考量的是一般石材本身較為脆弱，在施工過程容易刮傷、碰損而需要更多維護。

2. **先完成木作，再鋪貼石材。**石材價位高於木料且修護較困難，而木作修補上較方便，所以工序上木作會優先進行完成後，再來作石材的鋪貼。而一般最常見的石材電視牆也是以木作角料作結構，再作固定施工。

圖片提供＿大雄室內設計

木素材混搭
02 木素材 X 金屬

　　木素材具有包容、溫暖的觀感與觸感，而金屬則擁有強悍、個性的質地形象，這兩種材質性格迥異，卻都是室內裝修建材中相當受倚重的結構與裝飾材質，兩者不僅可交錯運用在結構上互做後盾，當作面材的設計時也可藉著兩種異材質的混搭，達到對比或調和的效果。以居家空間而言，過多的金屬建材容易讓空間顯得過於冰冷，如能有自然而溫暖的美麗木素材作調節，不僅增加設計的變化性，也可添加幾許人文質感的舒緩效果。

　　而木素材與金屬的搭配相當多元，除了木種、木紋的款式繁多，各種染色技巧與仿舊做法還能造就出更多差異性，若再搭配金屬材質的變化設計，風格即有如萬花筒般地豐富燦爛。例如鍛鐵與鐵刀木最能詮釋閒逸的鄉村風，而不鏽鋼搭配楓木則給人北歐風的溫暖感，至於黑檀木與鍍鈦金屬又能創造奢華質感，多變的戲法全看設計師的巧思與工藝，幾乎在每一種裝修風格中都可見到木與金屬的混搭之妙。

圖片提供＿柏成設計

圖片提供＿禾捷室內裝修設計

Methods

施工 Tips

1. **強化木素材的穩固性。**與金屬施工的方式必須依照設計者的需求而定，木頭與金屬之間可以運用膠合、卡榫或鎖釘等方式接合，有些甚至運用了兩種以上工法來強化金屬與木素材結合的穩固性。

2. **多元結合運用。**無論任何混搭的材質同樣都需要講究尺寸的精準，而金屬鐵件因鐵板薄且具有延展性，可運用雷射切割的方式來做圖騰設計，搭配木質邊框可成為主牆裝飾或屏風，相當具有變化性，而圖騰也可依個人客製化。

木素材混搭

03 木素材X板材

　　木素材的使用在現代建築已是不可或缺的一環，無論是搭配性或是質地、觸感，都很適合運用於居家空間配置，細膩的紋路以及木素材本身的香氣，皆能突顯空間特色。而要在以木素材為主的空間創造出不同風格，可藉由木質板材的運用，同中求異做變化，現在建築運用的板材種類很多，常見的有夾板、木心板、集合板等。

　　木頭與板材結合，一般而言可透過白膠、防水膠、強力膠等作接合處裡，不過還是要靠釘子加強固定效果，並可藉由染色、烤漆、噴漆、鋼刷等方式呈現濃淡等不同風貌。由於木頭與板材的質感、色系相近，常被使用於居家空間，或是想要在全然木空間中做出不同變化，板材的運用將是很好的選擇。

Methods

施工Tips

1. **先黏合再固定。**不論是水泥板或OSB板等板材的施工方式，通常是先以各種不同的膠劑黏合，並依板材的脆弱程度及美觀，以暗釘或粗釘固定。

2. **防水膠與萬用膠黏性較高。**白膠價錢較便宜、穩固性低，有脫落可能；防水膠和萬用膠較能緊密接合物體，價錢相對而言較高。

圖片提供__六相設計

Part4
替代材質

由於台灣屬於較潮濕的海島型氣候，再加上居家空間處於溫濕度較高的環境，若沒有做好防潮處理，木素材很可能會產生發霉或曲翹變形的現象；另一個缺點是不耐刮，必須儘量避免尖銳物刮傷表面或遭硬物撞傷。因此，市面上出現多種可替代木素材的產品，像是堅硬、不容易卡髒汙的仿木紋磚，省裝潢費又不失質感的仿木紋壁紙，以及立體效果極佳的仿浮雕木紋牆板。

01 仿木紋磚

仿木紋磚的表面呈現木紋裝飾圖案，看起來幾乎跟木頭沒有兩樣，具有不易受潮、耐磨、不易褪色、不擔心發霉蟲蛀等優點，且表面經防水處理，易於清洗，可直接用水擦拭。

木紋磚的花紋造型豐富，可以選擇的品種類型更多，有樺木、橡木、檜木等多種木紋可以選擇。表面光澤度還分成瓷質釉面、釉面磨砂、釉面半拋光、釉面全拋光、平面的、凹凸面……等。以等級高低來分的話，價格帶從NT99〜2600元不等，還可以根據不同風格選擇想要的木紋磚，有工業仿舊磚、現代仿木紋磚。

不過，仿木紋磚也是有其缺點，像是較不自然、呆板，因為表面要仿造木紋會有表層不平的現象，所以較容易積水，再加上仿木紋磚的長度較長，施工費會比一般的磚材還高。

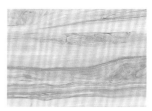

圖片提供__ 漢樺磁磚

如果不用手觸摸，幾乎看不出來這是仿木紋磚。

圖片提供＿漢樺磁磚

運用不同顏色的仿木紋磚，創造多層次立面。

02 仿木紋壁紙

　　壁紙發源於乾燥而氣候宜人的歐洲，就產地而言，義大利、英國、法國等地出品均有歷史口碑，而台灣本土也有許多優質廠商針對在地氣候特質研發適合台灣濕熱型氣候的壁紙產品。隨著科技日新月異發展，國內外研發出越來越多品質優異的壁紙材料可供選購，而且在美感視覺的設計上，還能做到輸出特殊材質的效果。如果喜歡木頭溫潤無壓的質感，又不希望裝潢費過高，可以選擇仿木紋壁紙、仿木皮壁紙，這種幾可亂真的設計特性，再加上與其他材質的混搭創意，能為居家空間的立面效果創造無限的可能性。

如果喜歡木頭溫潤無壓的質感，卻又不希望裝潢費過高，可以選擇仿木紋壁紙、仿木皮壁紙。

圖片提供＿巢空間室內設計

03 仿浮雕木紋牆板

　　這一款仿浮雕木紋牆板是以全新一代的技術，聚合天然氧化石材、強化玻璃纖維及聚酯樹酯纖維，使板材能以極薄輕量化的方式鑄形生產。

　　其中的玻璃纖維賦予強度，聚酯纖維增加彈性及韌性，天然石材元素將石板、磚牆、混凝土等面板的真實觸感和視覺感受推升至極佳的境界。大尺寸規格，減少板材間的接縫處，有效縮短工時，輕鬆打造視覺氛圍。

　　除此之外，這款仿浮雕木紋牆板具有韌性、花色多樣化，且可做微彎曲，創意視覺選擇更多元。是一種新概念的裝飾面材，集合「輕、薄、大、真」的建材優點於一身，為裝潢裝飾的概念重新下定義。目前僅有的尺寸為1300×2850公厘，價格是NT.9200元/片。

　　這款仿浮雕木紋牆板具有韌性、花色多樣化，且可做微彎曲，創意視覺選擇更多元。
　　是一種新概念的裝飾面材，集合「輕、薄、大、真」的建材優點於一身。

圖片提供＿永逢企業

7

低預算、施工快的最佳選擇
板材

Part1
認識板材

圖片提供＿十藝設計

在裝潢的世界中，板材是一般人較不注意的類別，但在居家生活中卻扮演著與安全、環保議題息息相關的角色。近年來環保意識抬頭，強調防火、抗菌、無毒的綠建材板材，也逐漸成為市場主流，在居家及裝潢工程中為居住者的健康與安全把關。

目前市面上常用的隔間板材，主要有實木、矽酸鈣板、石膏板、礦纖板等，除了實木之外，其他皆為合成角材，由於隔間相當重視防水、耐壓的功能，因此在材質的選用上須謹慎小心。而木質板材多用於空間裝修和櫃體，須留意板品質來源、耐用性和防潮度。能當作立面設計的板材，須考量以下特質：

☑ **1 防潮抗壓**

在效能的要求上，用來施作為壁板的板材，除了要具備隔音、吸音的效果外，同時也要有防火、好清理的特性，但美耐板可能比較不適用於像衛浴空間等過於潮濕的區域，怕會出現脫膠掀開的現象。

☑ **2 裝飾**

希望打造現代風格的立面除了後製清水模之外，還能選用水泥板替代，它的質地如同木板輕巧，隔熱性能佳，又具有水泥堅固、防潮與防蟻等特質。而喜歡鄉村風的人可以使用線板來裝飾立面，營造出不同的居家氛圍。

系統傢具業者愛用

01 木質板材

| 適合風格 | 客廳、餐廳、書房、臥室
| 適用空間 | 各種風格均適用
| 計價方式 | 以材計價（連工帶料）
| 價格帶 | 基礎板材品項眾多、產地不一。約 NT.550 ～ 850 元不等
| 產地來源 | 馬來西亞、印尼、大陸

攝影＿＿Amily

材質特色

在空間裝修或是製作系統傢具時，通常都會用到木質板材。板材製成後，容易散發甲醛等有害物質，而危害到居住品質，因此目前市面上也出現許多「低甲醛」的板材。一般所謂低甲醛板材，多指符合F3級標準的建材，甲醛平均值1.5mg/L以下、最大值2.1mg/L以下。F3級雖未及綠建材及環保標章標準，但卻符合標檢局的低甲醛規範，加上流通較廣、價格適宜等優點，而被系統傢具業者廣泛使用。

種類有哪些

木質板材的種類繁多，一般常用夾板、木心板、中密度纖維板（密底板）。而較高級的傢具品牌或進口傢具則常使用原木和粒片板（塑合板）製作，同時，因為它不易變形，並且具有防潮、耐壓、耐撞、耐熱、耐酸鹼等特性，外層不管是烤漆、貼皮款式都很多樣化。

挑選方式

判斷木心板、夾板及塑合板的好壞,最明顯就是從外觀判斷,從正反兩面觀察,注意板材表面是否漂亮、完整,並能檢視厚度的四個面,確認板材中間沒有空孔或雜質。板材厚度差異不能太大,否則會影響施工品質及完工後的美觀程度。另外,在挑選時,可感受板材重量,品質較好的板材通常重量較重。板材散發出的甲醛會危害人體健康,且較不環保,在選購時可挑選通過綠建材及環保標章的板材,確保居住環境健康。

圖片提供＿隹設計

勾勒風格的裝飾板
02 線板

| **適合風格** | 現代風、鄉村風、混搭風、美式風
| **適用空間** | 客廳、餐廳、書房、臥房、兒童房
| **計價方式** | 單支計價（1支240公分）
| **價格帶** | NT.100 ～ 3000元
| **產地來源** | 大陸

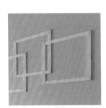
圖片提供＿歐德傢俱

材質特色

傳統線板多以木頭材質製作，須仰賴老師父純手工創作，師父的設計美感因而與最終呈現的作品息息相關，而木頭製作的線板，因為表面粗糙，施作時須經過三道工法後才可上色，頗為費時費工。現今的線板材質多半為硬質PU塑料，並以模具成型，因材質可塑性高，花樣選擇也就日趨多樣。所謂的PU塑料是一種人工合成的高分子塑膠材料，在製造過程中，須依照用途加入發泡劑。

種類有哪些

在使用上分為軟質及硬質兩大類，線板的製作原料即為硬質PU塑料。製成線板的PU塑料在硬度上有一定規範，坊間部分業者為降低成本添加過多發泡劑，價格雖然便宜，但因密度不足品質堪慮。線板從早期簡單的平板式和轉角線板，有了更多的發展，不再僅是裝飾天花板的用途，線的概念延伸到門框、腰帶等；甚至有以線而成面的概念，發展出壁板、燈盤、羅馬柱、托架等，種類極其繁多。依風格來分的話，大致上有美式極簡風、復古華麗風，以及活潑彩繪風。

圖片提供＿歐德傢俱

挑選方式

線板的塑型時需添加發泡劑，但因近期塑料價格攀升，劣質產品會添加過多發泡劑降低成本，因此密度不足，導致重量較輕，消費者可從重量判斷品質好壞。另外，也可以觀察線板的花樣是否立體，來判斷品質的優劣。

替代清水模的絕佳板材
03 水泥板

| 適合風格 | 客廳、餐廳、廚房、臥房、書房、兒童房、陽台
| 適用空間 | 各種風格適用
| 計價方式 | 以片計價（不含工資）
| 價格帶 | NT.300 ～ 1250元／片（材質不同、厚度不同，價差大）
| 產地來源 | 東南亞、美國

圖片提供__永逢企業

材質特色

水泥板，結合水泥與木材優點，質地如同木板輕巧，具有彈性，隔熱性能佳，施工也方便。另一方面又具有水泥堅固、防火、防潮、防霉與防蟻的特質，展現其他板材沒有的獨特性，其美觀的外型近年來也經常用在天花板及立面。而水泥板表面特殊的木紋紋路，展現獨特的質感，再加上水泥板的熱傳導率比其他材質的板材低、掛釘強度高，使用上更方便，完成後無須批土即可直接上漆。因水泥板具有不易彎曲和收縮變形，且耐潮防腐，再加上材質輕巧、施工快速，用於外牆也相當適合。

種類有哪些

水泥板有兩類，一種是以木刨片與水泥混合製成，結合水泥與木材的優點，兼具硬度、韌性且輕量之特色於一身，多半被用來作為裝飾空間的木絲水泥板。另一種是具有防火功效的纖維水泥板，它是以礦石纖維混合水泥製成，因吸水變化率小，適用於乾、濕式兩種隔間上。

挑選方式

木絲水泥板具防火、防潮功能，使用範圍廣，常當作地板、天花板或電視主牆、牆面的裝飾材。由於花色多元，可依居家風格再來做花色上的選擇與搭配。值得注意的是，雖然木絲水泥板能防潮，卻不能真正防水，較不建議使用在浴室或淋浴間等空間。

圖片提供＿＿映荷空間設計

物美價廉的裝飾板

04 美耐板

| 適合風格 | 客廳現代風、混搭風
| 適用空間 | 客廳、餐廳、書房、臥室
| 計價方式 | 以片計價
| 價格帶 | NT.400 ～ 2000元不等
| 產地來源 | 台灣、大陸

圖片提供＿十藝設計

材質特色

美耐板又稱為裝飾耐火板，發展至今已超過100年歷史，由進口裝飾紙、進口牛皮紙經過含浸、烘乾、高溫高壓等加工步驟製作而成。具有耐磨、防焰、防潮、不怕高溫的特性。由於使用範圍廣，美耐板材發展至今顏色及質感都提升很多，尤其是仿實木的觸感相似度高，再加上美耐板耐刮耐撞、防潮易清理，符合健康綠建材，優良廠商的產品更是擁有抗菌防霉的功能，許多高級傢具在環保與實用的訴求下，也逐漸以美耐板來展現不同的風格。

種類有哪些

美耐板提供多種表面處理，例如皮革紋、梭織紋和裸木紋等，更讓原本較為單調的板材飾面，有了其他的選擇。另外，也常見聽到「美耐皿板」的建材，這是指在塑合板表面以特殊膠貼上裝飾紙，另外在裝飾紙上塗一層「美耐皿」（melamine）硬化劑，同樣具有美觀、防潮的優點。美耐板和美耐皿板最大差異在於表層牛皮紙的層數，及高壓特殊處理的過程，因此，美耐板的強度、硬度及耐刮性亦較美耐皿板來得更好。依表面材質或樣式分成素色、木紋、石紋、特殊花紋。

圖片提供＿十藝設計

挑選方式

美耐板基本上都具備耐汙、防潮的特性，但若長久處於潮濕的地方，與基材貼合的邊緣仍會出現脱膠掀開的現象，較不適合用在浴室，而經常會以手觸摸的區域也不建議使用，避免手汗影響到整體色澤。

吸音防火建材新寵兒
05 美絲板

| 適合風格 | 各種風格均適用
| 適用空間 | 各種空間均適用
| 計價方式 | 以片計價（不含工資）
| 價格帶 | 60×60cm（1坪約9片）NT.330～380元／片
　　　　　91×182cm（1坪約2片）NT.1100～1150元／片
| 產地來源 | 台灣

圖片提供＿和薪室內裝修設計

材質特色

美絲板是以環保木纖維混合礦石水泥製作而成的建材，美絲板在製作過程中將所有素材無機化，因而不會有潮濕發霉的問題，也因採用自然原料，不僅無毒亦取得綠建材標章，而材質中混入的水泥，亦使這項建材通過耐燃二級檢測。

其外觀可明顯看出長纖木絲構造，粗獷又帶有自然質樸簡約的樣貌，用於壁面或天花的裝修上，都能讓空間恰如其分地突顯簡單的韻味；也因其多孔隙不平整的表面，而具有吸音及漫射音波特性，是不少視聽空間的建材新寵，也十分適合與清水模搭配運用。此外，美絲板多孔隙的構造，亦具有調節空間濕度功能。

種類有哪些

依照板材的形狀和大小可分成長形、六角形兩種。目前為了豐富空間，還有模組化生產多種顏色的六角形吸音磚。此六角形吸音磚，相當適合自行DIY拼組發揮創意，只要利用木工工具或白膠加泡棉雙面膠帶固定，就能在天花或牆壁隨意拼圖，創造出自己喜愛的造型及色澤搭配。

圖片提供__和薪室內裝修設計

挑選方式

挑選時要注意表面紋路，好的吸音板表面為優美的自然捲曲木料紋路、均勻分佈，且建議在選擇時，指明有品牌保障公司出品的美絲吸音板，並向購買商索取原廠出具產品證明書，才能確保產品的品質。

Part2
經典立面

板材價格親民、組裝快速，
打造四口之家

空間面積｜40坪　**主要建材**｜黑檀木系統板材、
橡木洗白系統板材、布紋灰板材、烤漆、波斯灰大理石

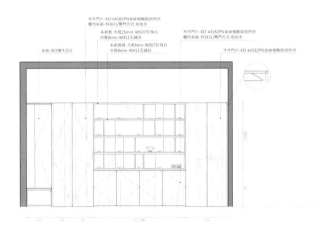

系統-403橡木洗白

木作門片-KD-k4182PN金絲檜剛刷自然拼
橡內系統-科技白 拍拍手

系統框-外框25mm-W507珍珠白
內框8mm-W411石綿灰

系統面板-大40mm-W507珍珠白
外掛8mm-W411石綿灰

木作門片-KD-k4182PN金絲檜剛刷自然拼
橡內系統-科技白/開門方式 拍拍手

木作門片-KD-k4182PN金絲檜剛刷自然拼

文 劉綵荷
空間設計暨圖片提供　**十藝設計**

↑ **打造多功用場域** 打破客廳是最大空間的設計，這裡是一個多功用場域：是用餐時的餐廳、大人的閱讀空間、小朋友的遊戲空間、家長與小朋友們的陪讀區……總之，是全家人互動的地方，也是凝聚家人情感的場所。

← **收納與隱藏門** 設計師利用黑檀木系統板材做了一個兼具收納與展示的櫃體。開放的地方可以作為擺放電器或藝品書籍等，櫃體左方的門片內同樣是收納空間，右方門片則是進入房間與衛浴的隱藏門片，讓櫃子兩邊具備對稱性。

屋主裝修此案例的動機，就是為了迎接即將到來家中第四個成員，希望給家人一個驚喜。設計師考量到預算以及縮短裝潢的時間，採用了黑檀木與橡木洗白兩種系統板材來進行立面的打造，以期在最短時間內就可以讓準媽媽入住，迎接第二個寶寶——小熊的到來。

與一般案例非常不同的是：屋主並不需要客廳是最大的空間，反而希望留有一個寬敞的場域可以是小朋友的遊戲空間，可以是大人們的書房，可以是自由自在的工作室或閱讀空間，也可以是家長與小朋友們的陪讀區，在用餐時更可以是全家聚會場合，所以設計師將四房的格局改為三房，將空出來的空間留給這個互動性高的場域來使用，並將天花處裡為木屋的斜屋頂及屋脊，藉其意象置身木屋之中，作為這個家的生活中心。

其次將原客廳的空間做了功能調整，設定上是類似起居室功能，採用一字型的沙發，在刻意安排下，透過櫃體及木框架創造許多室內框景，每個框景就像是人生拼圖，記錄著家中成員成長點滴，當家中成員住進來了，也就完整拼出了屬於每個人對家的輪廓。

屋主家中的第四個成員小熊的房間，用直覺的意象作為設計安排，以熊最愛的蜂蜜來延伸：衣櫃把手是蜂巢造型、天花板的吊燈也是蜂巢造型，搭配可愛的小狗床單，相信準媽媽打開小熊房間的那一刻，必定充滿驚喜。

← **拼出人生框景** 客廳風格極為簡約，設定上是類似起居室功能，採用一字型的沙發，背面牆上刻意留下空白，設計師希望由家中成員的成長紀錄，去豐富牆面上的框景，就像是人生拼圖，點點滴滴都是他們在這個家裡生活的難忘細節。

→ **呼應小熊的設計巧思** 屋主家中的第四個成員小熊的房間，用「小熊愛吃蜂蜜」的概念來做延伸，構思出蜂巢造型衣櫃把手，搭配可愛的小狗床單與蜂巢造型的天花板吊燈，讓整個房間充滿童趣，是設計師獻給準媽媽的驚喜。

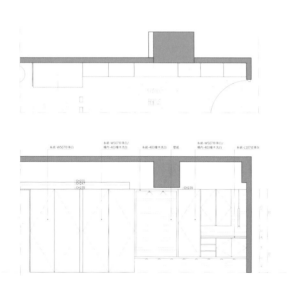

↑ **玄關廊道大型收納** 很長的玄關除了運用橡木洗白系統板材做出大量的收納櫃體,不僅是家裡的收納,鞋櫃也有很充裕的空間,一進門的櫃子中間做中空設計,還可以擺放鑰匙的出門必備物件,而此處的「口」字造型的小臥榻,更具備了穿鞋換鞋的座位功能。

TREND

板材流行趨勢

仿飾板材受到青睞。板材由工廠一次性生產,在現場可快速組裝,又具有可拆卸再次使用的便利性,且夾心表面貼皮的板材更具備價格的競爭力,是許多設計案常見的立面素材。隨著科技的進步,板材表面更是呈現多樣面貌,除了木紋之外,連皮革紋、大理石紋都能在板材中出現。

↑ **口字造型呼應四口之家**　設計師在黑檀木櫃體旁巧妙地做了一個「口」字造型的小臥榻，讓光線能夠灑入室內，人也可以坐在小臥榻旁休憩，這樣的「口」字造型的小臥榻一共有四個，呼應入住的四口之家。

↗ **系統板材一體成型**　房間就是需要大量收納，整體皆使用橡木洗白系統板材，訂製出單人床、書桌、置頂的收納櫃體，抽屜式、上掀式、開闔式……每一寸空間都精心規劃，搭配亮眼的鮮黃色椅子，讓房間明亮溫暖。

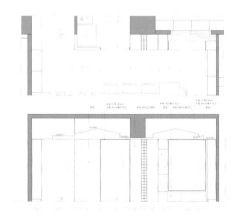
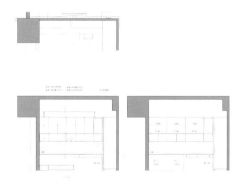

Part3
設計形式

早期板材在立面設計的運用，以平面板及轉角線板收邊裝飾為主，但隨著居家美學趨勢多元化，許多人喜愛歐美正統風格訴求低調奢華，均重視透過線板板材之立體繁複雕花藝術特質賦予精神。再加上材質與工法技術的進步，除了傳統手工木作線板外，更發展出樣式繁多的PU塑料線板，不但在線板造型上更加講求精雕細琢，其運用範圍也開始由邊界逐漸拓延，可以從門、牆、櫃等整體視覺立面著手，完整鋪陳層次巧思。理絲設計翁新廷設計師並建議，從整體空間環境條線包括光線流動、動線轉折等細節來考慮板材的運用，細細揣摩不同角度呈現板材雕花細節之美，是室內設計美學之極致展現。

造型＆工法

在室內空間中，上至天花板，下至地面，乃至於放眼所見的空間立面或隔間，都可以是板材發揮造型創意所在。早期在工法上以木作線板為主流，施工較為費時，線板的雕花變化選擇也比較少；但隨著PU塑料板材的日漸普及，直接運用模具生成，讓板材的可塑性更加提升，且具有不易龜裂或受潮的優點，透過形形色色的造型款式與材質相互搭配。

圖片提供＿佳設計

板材工法
01 **板材拼接**

板材拼接的定義及應用相當寬泛，早期多用於替代較昂貴的大面積板材，達到降低成本的效益，後來也逐漸發展出透過拼接展現美感的創意。在工法上，目前主流多依照板材的材質而採用膠合法或釘合法，兩種方法均是以角料組構立面的結構空心體，貼上底層夾板再拼接表層的密合板，或是直接將實木企口板釘於角料上，最後再進行上漆。

透過不同形式的拼貼巧思，就能打造出鄉村風格甜美可愛的小木門，或是宛若巧克力造型，大方穩重而帶有低調奢華質感的方格牆面，拼接出獨一無二的生活風景。

Methods

施工 Tips

1. **考量電線走向。** 若拼接立面是電視牆或有設備安裝需求，施作前須先考量電線走向、承重結構補強等處理，並預設電器安裝孔以利埋入管線。

2. **應視空間條件選擇適合的立面板材。** 例如實木企口板較適合用在客廳、臥室、書房等乾燥區域；反之廚房、浴室等易產生油煙或潮濕空間，則建議選用不怕水的PU塑料板材施作。

圖片提供＿理絲室內設計

板材造型

02 利用厚薄差異打造浮雕感

　　立體而風格強烈的浮雕感板材牆，可以説是拼接手法的進階變化。一般常見的立面板材手法，主要是平面的拼接或是交界處邊框式的收邊收口效果。

　　不妨試試讓線板從邊界修飾的配角變為視覺中心語彙的主角，運用線板立體雕刻的特性，選用色彩、紋理變化有致且厚薄不同的線板，並排拼貼一整面線板牆，再搭配上漆或燈光投射變化，不但能打造出如同浮雕般的華麗視覺效果，大膽呈現獨一無二的個性與精彩創意，而且在成本與施作上都較傳統木工要經濟實惠，讓夢想中的居家不再遙不可及。

施工 Tips

1. **選用背面為平面的線板。** 若要以線板拼貼整個立面，需選用背面為平面的線板，才能緊密貼合牆面。

2. **立面風格調性須一致。** 須注意整體呈現的一致協調感，顏色、厚薄、寬窄之間不應太懸殊，否則會顯得雜亂。

圖片提供__歐德傢俱

板材造型

03 運用線板營造風格

對於古典歐式、美式或鄉村風居家而言，線板可以說是不可或缺的必備元素。這是因為線板具備了古代歐洲建築中層疊與重組的美學精神，並且融入抽象圖騰思維，讓空間的細節呈現豐富藝術向度。例如線板藝術中常見的卷葉造型即是象徵地中海沿岸的草本植物莨苕葉，具有再生、豐收的意象；至於在美式或LOFT風格則是常用素面線板勾勒空間的細緻表情。一般而言，越繁複、細緻的線板雕花造型，在施工上難度越高，且更需注意花紋與整體空間線條所呈現的比例關係，建議尋求專業設計師與施工團隊，以讓空間呈現最完美的精緻質感。

Methods

施工 Tips

1. **檢查壁面是否耐水性。**貼合線板前，務必檢查牆面補土層是否具備耐水性，若牆面補土強度不足，受潮會產生粉化現象，可能導致線板脫落的窘境。

2. **注意雕花處的紋理。**大面積施作需銜接多塊線板時，注意雕花處的紋理是否吻合，務必呈現完整的對花形式。

圖片提供＿理絲室內設計   圖片提供＿理絲室內設計

板材造型
04 利用仿飾系統板材

近年人們注重健康的居家環境品質以及環保意識抬頭，系統板材的製作技術也邁進低甲醛的環保綠建材趨勢，再加上仿飾技術的成熟發展，不論是石材、木質、金屬、仿清水模等質感，均能完美呈現，在保養上也較原始材質更為容易，同時還可以結合隱藏門、收納等實用性質機能，對於追求裝修CP值的屋主而言，想要在最短的施工時間、花費最低的裝修成本，讓居家氛圍煥然一新，創造最完美的立面視覺效果，系統板材絕對是不二選擇，目前已成為許多忙碌的醫師或商務人士裝修居家的心頭好。

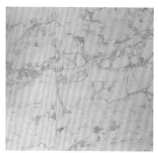

圖片提供＿歐德傢俱

Methods

施工 Tips

1. **選擇有信譽的大廠牌或進口板材。**市面上系統板材選擇多，品質也多有參差，建議選擇有信譽的大廠牌或進口板材，確保居家裝修品質。
2. **注意板材的防潮係數。**因台灣氣候潮濕，選購時應特別注意板材的防潮係數，係數越高代表防潮力越佳。
3. **系統板材可用橡皮擦拭去髒汙。**系統板材在保養上也相當容易，有微小髒汙出現時用橡皮擦拭去即可。

圖片提供＿歐德傢俱

混材

線板作為一種空間設計材質，同時也扮演著美感語彙的角色，最早是由希臘古建築的美學精神脫胎而來，講究細節的修飾與雕琢，以及比例呈現的嚴謹平衡。在風格取向上，線板不但是歐式古典、美式或鄉村風居家的必備元素，若能巧妙透過異材質的混搭手法，融合石材、金屬等富有原質純粹的材質，或者是搭配具有延伸與映射效果的鏡面及玻璃，就能讓線板跳脫單一傳統風格的框架，化身為富有異國情調的南洋飯店風，或是講究大器的現代風格空間。

混搭風格

01 板材 X 金屬‧石材

石材或金屬是現代風格居家常見的材質，但因為成本昂貴且施工不易，在造型上的變化性較少，此時可運用款式多元豐富的線板來助一臂之力。例如喜歡石材的恢弘氣度，不妨使用石材包覆空間柱體中段，上方飾以線板形成樑托，即是古典歐洲基本柱式的簡約轉化應用。至於線板與金屬的結合，更是可上溯至18世紀，洛可可藝術時期對於極致華麗的追求，結合金箔或描金手法與雕花工藝，交織出絕美的雍容氣度，呈現富麗堂皇的美感。除了美感上的互相搭配之外，線板也能肩負起實用機能性的任務，扮演收納電線的踢腳線板，或是護牆裙、腰帶等「護花使者」的角色，避免昂貴的石材牆被弄髒或損傷，作為甚至是間接燈光照明，透過燈光讓石材或金屬的質地更顯化細緻層次，呈現畫龍點睛的巧思。

Methods

施工 Tips

1. **防止尖銳材質造成的安全問題。** 因石材本身極脆弱。所以工序上都是最後在現場做拼貼，而收邊技巧上無論是金屬或石材應該事先做好導圓角的設計，以防止尖銳角度造成的安全問題。

2. **以安全與機能為優先考量。** 所有建材施工考量都是以安全與機能為優先。

圖片提供＿理絲室內設計

施工 Tips

1. **注意材質混搭時的色調一致性。**不同材質在搭配上應注意色調的一致性，避免突兀違和感。

2. **易碰撞的區域，應選擇優質板材。**針對踢腳板等較易碰撞的區域，建議應選擇密度較高的優質板材，避免使用加入過多發泡劑的板材，否則日後易產生耗損或熱漲冷縮變形等疑慮。

混搭風格
02 板材 X 玻璃・鏡面

　　一般而言，帶有繁複雕花的線板在空間語彙上屬於「古典」的調性，而玻璃、鏡面等具有反射或延伸效果的材質則予人較「現代」的取向，若將這兩種古典與現代的語彙適度混搭，將能呈現別出心裁的效果。

　　例如在線板拼接牆上，局部以鏡面或玻璃取代，增添視覺上的層次豐富度之外，透過微妙異材質的混搭，也能讓原本偏屬於美式調性的線板牆變化為更具現代感的新古典調性。此外，像是講究氣度的大坪數空間常見的墨鏡或黑玻材質，若能巧妙運用其深邃而大器的質感，與線板華麗的藝術調性相配，一方面緩和修飾深色調鏡面偏冷調的感覺，另一方面也能平衡線板雕花元素過度堆砌的繁重感，同時也能透過鏡面映射的效果，讓雕花藝術與空間視覺層次加乘延伸，讓居家空間也能呈現飯店質感般華美不凡的氣質。

圖片提供＿歐德傢俱

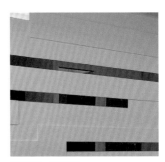

圖片提供＿歐德傢俱

Methods

施工 Tips

1. **選用已做好表面色彩處理的板材。** 若是以線板作為鏡框使用，建議可選用已做好表面色彩處理的板材，省去上漆的工序。
2. **挑選膠材很重要。** 板材的黏著膠材一般多使用免釘膠，但與玻璃或鏡面材質混搭時，可酌搭配中性或酸性玻璃膠。

圖片提供＿＿歐德傢俱

圖片提供＿＿歐德傢俱

8 | 明亮透光的輕隔間素材
玻璃

圖片提供之陳者設計

Part1
認識玻璃

具有透光、清亮特性的玻璃建材,有綿延視線、引光入室、降低壓迫感等效果,結合玻璃的透光性和藝術性設計,更讓它成為室內裝飾、輕隔間愛用的重要建材。而玻璃在清潔上也相當容易,以市售的清潔劑擦拭即可。

玻璃分為全透視性和半透視性兩種,能夠有效地解除空間的沉重感,讓住家輕盈起來,最常運用在空間設計的有:清玻璃、霧面玻璃、夾紗玻璃、噴砂玻璃、鏡面等,透過設計手法能有放大空間感、活絡空間表情等效果;此外,還有結合立體紋路設計的雷射切割玻璃、彩色玻璃等。茶色玻璃或灰色玻璃可根據整體空間的色調營造氛圍。若選用玻璃作為立面設計的優勢為:

圖片提供＿尚藝設計

✓ 1 放大視覺

玻璃的種類繁多,不同的玻璃會有不同的使用方法,應依照空間和設計來做搭配。加入玻璃元素,可以讓空間有拉長放大的效果,像是具有穿透感的清玻璃,不但價格低廉,還具備放大空間感的功效,適合小坪數的居家使用。

✓ 2 區隔空間

在許多地方,玻璃或鏡子都是很好搭配的素材,例如在造型屏風使用夾紗玻璃,可以遮擋視覺但又不會完全遮蔽光線,作為區隔空間的屏障,又能保有神祕的視覺享受。

輕隔間的重要建材
01 玻璃

| 適合風格 | 各種風格均適用
| 適用空間 | 客廳、餐廳、書房、臥房、兒童房
| 計價方式 | 以才計算，1才為30X30公分
| 價格帶 | NT.50 ～ 4000元
| 產地來源 | 台灣

圖片提供＿柏成設計

材質特色

住宅空間的採光是否足夠，是規劃設計時重要的課題，而玻璃建材絕佳的透光性，在做隔間規劃時，能更有彈性地處理格局，援引其他空間的採光，避免暗房產生，讓它成為空間設計中相當重要的一種建材。

若欲以玻璃取代牆面隔間，一般製作玻璃輕隔間需使用5公分厚的強化玻璃。具有隔熱及吸熱效果的深色玻璃為許多高級住宅所採用，在兩片玻璃間夾入一強韌的PVB中間膜製成的膠合玻璃，具有隔熱及防紫外線的功能，還可以依不同的需求配合建築物的外觀，選擇多樣的中間膜顏色搭配。

種類有哪些

玻璃運用在裝飾設計上，還可利用雷射切割手法創造藝術效果，或是選用亮面鍍膜的鏡面效果放大視覺空間，而豐富多元的彩色玻璃，也是營造風格的利器。大致上的種類分成清玻璃、膠合玻璃、噴砂玻璃、雷射切割玻璃、彩色玻璃與鏡面。

挑選方式

做隔間或置物層板用的清玻璃，最好的厚度為10公厘，承載力與隔音較果較佳。 10公厘以下適合作為櫃體門片裝飾用。而膠合玻璃的PVB材質是選購重點，需要詢問廠商膠材的耐用性，以防使用不久後膠性喪失。

圖片提供__柏成設計

耐油耐髒好清理

02 烤漆玻璃

| 適合風格 | 客廳、餐廳、書房、臥房、兒童房
| 適用空間 | 各種風格均適用
| 計價方式 | 以才計算，1才為30X30公分
| 價格帶 | NT.200 ～ 400元
| 產地來源 | 台灣

圖片提供＿禾捷室內裝修設計

材質特色

將普通清玻璃經強化處理後再烤漆定色的玻璃成品，就是烤漆玻璃，因此烤漆玻璃比一般玻璃強度高、不透光、色彩選擇多、表面光滑易清理的特性。在室內設計上，多使用於廚房壁面、浴室壁面或門櫃門片上，也可當作輕隔間與桌面的素材。

由於烤漆玻璃具有多種色彩，又經強化處理，同時具有清玻璃光滑與耐高溫的特性，所以很適合用在廚房壁面與瓦斯爐壁面，既能搭配收納廚櫃的顏色，創造夢幻廚房的色彩性，又能輕鬆清理油煙、油漬、水漬等髒汙。

種類有哪些

單色烤漆玻璃是烤漆玻璃的基本款，大面積利用可以創造整片通透的感覺，除單一顏色之外還可加上金或銀色的蔥粉，不同的蔥粉可以創造出不同的光澤感。另外還有規則或不規則圖樣烤漆玻璃及適用於潮濕環境的耐候玻璃。

圖片提供__禾捷室內裝修設計

挑選方式

注意玻璃和背漆的配色，須避免色差。透明或白色的烤漆玻璃並非完全是純色或透明，而是帶有些許綠光，所以要注意玻璃和背後漆底所合起來的顏色，才能避免色差的產生。使用在廚房、浴室壁面的烤漆玻璃，要特別注意漆料附著強度，因為潮濕的環境會使烤漆玻璃出現脫漆、落漆，而使烤漆玻璃斑駁老舊。

築一道透心涼的牆
03 玻璃磚

| **適合風格** | 鄉村風、現代風
| **適用空間** | 客廳、玄關、浴室、廚房
| **計價方式** | 以片計價（不含施工）
| **價格帶** | NT.1000元以上／片
| **產地來源** | 義大利、捷克

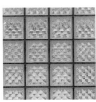

圖片提供＿時冶設計

材質特色

玻璃磚是現代建築中常見的透光建材，具有隔音、隔熱、防水、透光等效果，不僅能延續空間，還能提供良好的採光效果，成為空間設計的利器之一，它的高透光性是一般裝飾材料無法相比的，光線透過漫射使房間充滿溫暖柔和的氛圍。透明玻璃磚給人沁涼的明快感，且搭配性廣，沒有顏色的限制。玻璃實心磚的彩色系列可以讓空間有華麗晶瑩的氛圍，並能跳色搭配，設計出想要的空間質感。

種類有哪些

玻璃磚是由兩片玻璃熱焊而成，透明玻璃磚的內部為中空狀態，而玻璃實心磚則為實心，能呈現琉璃光感，光影的折射更優異。不論是透明玻璃磚或是玻璃實心磚，砌成牆壁後都不會有阻隔的壓迫感，且因特殊折射而為空間帶來柔和與朦朧感。

挑選方式

挑選玻璃磚時，主要是檢查平整度，觀察有無氣泡、夾雜物、劃傷和霧斑、層狀紋路等缺陷。空心玻璃磚的外觀不能有裂紋，磚體內不該有不透明的未熔物。有瑕疵的玻璃，在使用中會發生變形，降低玻璃的透明度、機械強度和熱穩定性，工程上不宜選用，但由於玻璃是透明物體，在挑選時經過目測，通常都能鑑別出品質好壞。

圖片提供__時冶設計

Part2
經典立面

善用玻璃穿透性，
玩出跳脫傳統的時尚

空間面積｜125坪　**主要建材**｜玻璃磚、空心磚、不鏽鋼、磐多魔、清水模、原木

T:7mm鐵件(粉體烤漆C68色)
間照燈檯上方,T:5mm乳白色壓克力板
T:6mm 鐵件架, (粉體烤漆C68色)
玻璃磚

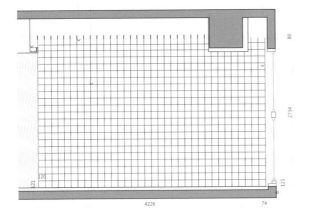

文 劉綵荷
空間設計暨圖片提供　**尚藝設計**

↑ **玻璃燈牆營造氛圍**　位於客廳中能變換不同顏色燈光的玻璃牆面，是整個建案中的最大亮點，不同顏色燈光，無論白天或是夜晚，營造出不同的視覺氣氛，是設計師為企業家屋主所呈現跳脫傳統的新意象。

← 心靈空間的雙重運用　偌大的起居休閒空間簡約到幾乎沒有傢具陳設，空間盡頭是金屬刻篆的《般若波羅蜜多心經》，塵世忙碌的屋主可以來此小憩片刻，心靈能求一方寧靜；面對窗戶則有投影設備，作為視聽娛樂之用。

此案例是一個雙戶打通，面積達125坪的大器住宅，地點位於信義計畫區的中心，是一個台北市最精華的區域，窗景可以直接讓台北的地標101映入眼簾，設計師希望在城市喧囂的環境，此屋內可以達成一個反差，透過房子裡面獨有的特色跟擺設來沉澱身心靈。

此宅結合了時尚、休閒、禪意三種意境於一身，走進玄關，是質樸的清水模牆面，進入客廳有一面玻璃牆面是整個的視覺焦點，設計師在玻璃立面嵌入可變換不同顏色的燈光，讓客廳能充滿猶如Lounge Bar的浪漫氛圍；此外，屋內兩側皆裝置大型玻璃落地窗，除了客餐廳、起居休閒空間，還有主臥房、孝親房，都能經由玻璃的通透感受到光影在屋內的軌跡與變化；主臥浴室的洗手檯牆面及雙洗手檯的水龍頭也是用不同形式的玻璃來與外部相互呼應。

餐廳後方是一個多功能的空間，它結合了書房與起居室的功能，也可以讓這個空間變成是朋友來聚會聊天的場域；主臥房則運用大理石結合增色的原木，配合極為吸睛的橘色床鋪，衛浴空間裡面的泡澡區更運用粗獷石材，像是高級飯店，又像是回到山林裡度假的氛圍。起居休閒空間是這間房子一個很大的區塊，有點像酒吧的空間，同時也是很莊嚴的佛堂，造成空間的混搭美感。

設計師運用玻璃與不鏽鋼讓空間感覺多了一些前衛跟時尚感，也結合了比較原始天然的材料，讓粗獷、時尚、精緻、前衛⋯⋯在空間裡面可以得到衝撞與平衡的美感。

← 混搭工業風的演繹　清水模與不鏽鋼材質的天花板，白色壓克力吊燈與粗獷木椅，卻搭配著精緻的白色餐桌、餐椅，工業風的混搭在這個開放式的餐廳，有了不同層次的演繹。自此處用餐佐以窗外城市樣貌，猶如置身高級飯店般享受。

→ 室內外的呼應與反差　此案例是一個雙戶打通的大住宅，雙邊都有非常大面積的落地窗可以眺望室外景觀。「城市景觀怎麼樣呼應室內」是設計師思考的主軸，讓屋內遠離城市喧囂，成為一個時尚、休閒、禪意的空間。

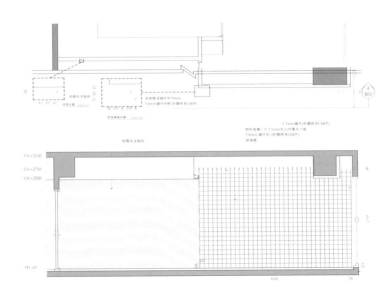

立面觀點

← **玻璃牆讓客廳像是 Lounge Bar** 在玻璃牆嵌入可變換不同顏色的燈光，讓客廳充滿猶如 Lounge Bar 的浪漫氛圍。此外，屋內兩側皆裝置大型玻璃落地窗，讓整個空間都能經由玻璃的通透感受到光影的軌跡與變化。↙ **亮橘色展現時尚品味** 偌大的主臥房運用大理石結合了增色的原木，給人寧靜、低調、沉穩的空靈感，而整體低色階的佈置中，只有亮橘色床鋪是整個視覺的焦點，充滿時尚潮流的品味。↘ **寧靜優雅的私屬吧檯** 有別於餐廳旁連接廚房的吧檯，起居休閒空間中金屬刻篆心經正對面也有一個吧檯，更具隱私感，橘紅色的燈帶讓這裡更有氣氛，在此小酌獨處，釋放一整天的疲累。

↑ **廚房與餐廳中繼站**　在廚房外設計師打造了吧檯空間，讓廚房透過吧檯與餐廳互動，一些簡單的輕食跟料理都可以在此準備，這個空間等於是廚房與餐廳的中繼站。↗ **玻璃與大理石的大器質感**　主臥浴室的洗手檯牆面以霧面玻璃打燈做呈現，大理石雙洗手檯的水龍頭也是透明玻璃來呼應；而進入浴缸的玻璃門則是利用按鍵控制玻璃的穿透性，有人入浴時則讓玻璃門霧化到無法看見裡面。↓ **大自然與人的緊密結合**　孝親房的空間用的是空心磚的背牆，保留這種空心磚自然的紋理，讓大自然與人互動的精神在這裡被延伸、被保留。

TREND

玻璃流行趨勢

運用幾何不規則的彩色玻璃。玻璃能讓光線的暈染變得更有氣氛，輕薄、水晶般的光澤讓玻璃大量運用到居家設計中，今年的流行趨勢為幾何不規則的彩色玻璃，運用在玻璃立面能增加視覺亮點。玻璃材質的呈現已經從最基本的單純玻璃，演化到可以搖控的霧面玻璃、玻璃嵌燈光等各種多樣性變化，使室內空間呈現出意想不到的視覺衝擊。

Part3
設計形式

通透的玻璃材質，能讓光線在空間恣意流動，空間因此更有故事感。利用不同的玻璃種類創造風格，像是清玻璃因為能見度最高，作為隔間牆時能有效破除封閉感，而運用特殊技法或彩度有所變化的裝飾玻璃，會因為圖形變更而使空間不受單一風格的限制，是室內裝修時創造明亮度與寬闊感不可或缺的好幫手。以下將介紹玻璃的造型工法與混材設計。

造型&工法

玻璃的種類分成清玻璃、烤漆玻璃、膠合玻璃、噴砂玻璃、雷射切割玻璃、彩色玻璃、玻璃磚與鏡面。在小坪數的居住環境加入玻璃元素，具有拉長放大空間的效果，在立面貼上菱形茶鏡，藉由鏡射會有華麗延伸的視覺享受，因此，善用「放大」和「區隔」兩點，將能結合玻璃的透光性和藝術性，創造擴張立面。

圖片提供__相即設計

玻璃工法
01 框邊手法

玻璃的框邊手法是居家設計中常見的運用，不論是用鐵、不鏽鋼，還是鍍鈦來框住玻璃，以簡單俐落的線條，搭配透光性極佳的玻璃，永遠讓人目不轉睛、百看不膩，且不拘泥於任何一種風格。框邊手法不僅能增加玻璃的強度，還能將採光引入室內，擴大室內空間感。

左下方圖例中，以鍍鈦框住玻璃當作浴室隔間牆，讓視覺多些層次感，隔而不斷，以此分割空間，擺脫浴室一定要用不穿透的立面來保有隱私。

右下方圖例中，運用鐵件框住彩繪玻璃與壓花玻璃當作屏隔，遮擋了直接穿透辦公區的風水疑慮，不僅改善空間格局，更創造出新穎的視覺焦點。

Methods

施工 Tips

1. **以矽利康做收邊。**不鏽鋼與玻璃結合凡是90度交界面處，都是以矽利康做收邊。
2. **想清楚施作先後順序。**不鏽鋼與玻璃混搭，以正常邏輯來說，由於不鏽鋼材質怕刮傷，必須先做玻璃再做不鏽鋼，但如果是玻璃跨在不鏽鋼上的設計，則必須先施作不鏽鋼。

圖片提供＿＿相即設計　　　　　　　　　　圖片提供＿＿禾捷室內裝修設計

玻璃造型
02 運用鏡面

一般在居家空間中運用鏡面,是希望利用反射的特性,放大空間感,並讓人能有明亮的感受,也折射出更寬敞的空間視感,不論是餐廳、玄關、儲藏室、臥室、櫃體等,只要適當運用鏡面都能發揮不同的作用和效果!

左下方第一張圖例為臥室床頭的立面設計,透過縱向的線條增添立面幅度,左右兩側採以鏡面為反射材質,表現出精緻度。

右下方第二張圖例則以兩片長條狀茶鏡為大理石立面做分割,搭配鏡面的折射,使得光線映射在茶鏡上,讓立面更有光影層次,豐富客廳空間。

Methods

施工 Tips

1. **運用中性矽利康黏著劑較好。**
   當裝飾面材為鏡面時,必須使用中性矽利康,不可使用酸性的,因為酸性矽利康會讓鏡面發黑。
2. **確認有無刮痕。** 確認完成面是否有刮痕、破損,尤其鏡面最容易在施工中不小心刮傷。

圖片提供＿相即設計   圖片提供＿相即設計

玻璃造型
03 運用壓花玻璃

　　玻璃形式百百種，作為立面、櫃體裝飾素材，可以替空間營造出時尚、現代感等不同風格，且有多種材質種類供挑選，大多具備光滑、不易留髒汙等特性，而壓花玻璃就是一種很棒的立面透光材，它是使用壓延方式製作，有許多不同的造型，像是海棠花、方格、長虹、銀波、瀑布……等。

　　壓花玻璃基本上和一般的透明玻璃性質相同，卻具有透光不透影的特點，光線穿透它之後會比較柔和，還具有屏蔽隱私的作用。下方圖例中，使用粉紅色繡布搭配銀波玻璃，白天能引進自然光線，讓光線透過銀波玻璃照射出波光粼粼的樣貌，卻依然保有居家空間的隱私。

Methods

施工 Tips

1. **施工前須先規劃。**通常裝潢玻璃屬於後端工程，且因玻璃經過加工後可能導致無法再進行切割、打磨等動作，因此須先做好施工前設計規劃。
2. **美化修飾材切斷面。**斷面修飾方式不同，費用也不同，因此須確認後再做施工。

圖片提供＿相即設計

混材

玻璃是一種被廣泛應用的建材，以往作為透明門窗的材料，但隨著技術演進，藉由各種不同的加工方式，不只可改變其硬度、表面質感，甚至能改變原本透明無色特質，不僅在視覺上迥異於以往認知的印象，應用範圍因此變得更加廣泛。金屬在居家空間中最常在五金配件或者玻璃窗框中看到，而磚材款式多元，無論是何種風格空間，幾乎都能找到相應的磚來使用，兩者皆是混材搭配的絕佳夥伴。以下將介紹玻璃與金屬，以及玻璃與磚材的混搭應用。

玻璃混搭

01 玻璃 X 金屬

鐵件金屬經常被運用於機能性或結構性設計，甚至在裝飾藝術上也廣受重用，舉凡不鏽鋼、黑鐵板、沖孔鐵板、鍍鈦板都是室內空間常見的金屬材質，鐵件金屬的質感有如精品般的精緻，它和玻璃混搭最大的優點是，玻璃有厚度的問題，而不鏽鋼或鐵件可以摺，這時候就能利用金屬作為玻璃的收邊處理，厚度既不會裸露出來，兩者結合又能呈現工業、現代、科技或時尚感各種氛圍。

不過要提醒的是，玻璃較沒有使用範圍的侷限，然而以金屬材質來說，亮面不鏽鋼、鍍鈦不建議運用在浴室內，前者會造成鏽蝕，鍍鈦則是易有水垢的問題產生，另外黑鐵烤漆亦不適用於浴室，同樣也會有生鏽的狀況。此外，若是黑鐵以鹽酸製造出粗獷鏽蝕感，最後必須再施作一層透明漆維持最佳的保護性，避免隨著時間持續鏽蝕氧化。

施工 Tips

1. **以矽利康做收邊。**不鏽鋼與玻璃結合凡是90度交界面處，都是以矽利康收邊。

2. **凹槽溝縫的尺寸要大於玻璃厚度。**鐵件與玻璃結合同樣也是運用矽利康收邊，不過若是施作為輕隔間設計，鐵件當作結構的話，鐵件可打凹槽讓玻璃有如嵌入，記得凹槽溝縫的尺寸要大於玻璃厚度，空隙處再施以矽利康，整個結構就會很穩固。

圖片提供__相即設計

圖片提供__禾捷室內裝修設計

玻璃混搭
02 玻璃╳磚材

　　玻璃具穿透性的特色，可讓室內外光線順利接軌，也因此是裝修時創造明亮度與寬闊感不可或缺的好幫手。無色透明的「清玻璃」或「強化玻璃」，因為能見度最高，即使作為隔間牆也能將視覺干擾降到最低。與磚結合時，多半會退居烘托跟配襯的角色，使視覺更能聚焦在磚的變化上。

　　另外，可依磚的色系選用半透光的噴砂、夾紗玻璃，或是單色的彩色玻璃，都能因折射性降低而提升搭配和諧度。而運用不同技法或彩度變化的「裝飾玻璃」，如彩繪、雕刻、鑲嵌玻璃等，會因圖形的變化使空間有活潑的效果，所以周邊搭配的磚材除了可以選用樸素一點的款式之外，有時亦可選用像紅磚、燒面磚這類強調休閒感的款式，反而能強化溫馨跟豐富的氣息。

Methods

施工 Tips

1. **玻璃的厚度選擇很重要。** 當成隔間或置物層板用的清玻璃，最好選擇10公厘的厚度，承載力與隔音性較佳。
2. **預留磚面距離。** 就磚跟玻璃的結合而言，除了進行單面的磚材鋪貼之外，最好還能往轉角側邊至少延伸10～12公分的磚面距離。

圖片提供__禾捷室內裝修設計

圖片提供__相即設計　　　　　　　　　　圖片提供__漢樺磁磚

Part4
替代材質

喜歡玻璃的穿透感，但又不喜歡過度暴露隱私；喜歡玻璃的透光性，卻擔心它容易碎裂。相信這是很多設計師和業主在溝通時會遇到的問題，以下將介紹一種玻璃的替代材質，它的耐用度與透光度都與玻璃不相上下，不僅可以當作立面，也能當作門片材質，且價格經濟實惠，若想嘗試創新材質取代玻璃立面，可以使用塑料波浪板。

01 塑料波浪板

波浪板由聚碳酸酯板（俗稱PC板）製成，為一種高分子塑膠，具有耐衝擊性、透明性、採光佳，顏色很多，波紋打光很漂亮等特性，更廣泛運用於建築工廠、雨遮、停車場、溫室等地方，作為簡易遮避作用，通常都被視為不登大雅之堂的廉價材質，但建材的價值不該被價格定義。

右頁圖例中，以透明波浪板設計成具有半穿透性質的室內隔間立面，其波紋展現光透性，創造仿彿玻璃的效果，但相較之下輕盈許多。即使是便宜的材料也可以帶來不同的效果，只要了解材質本身的特性，以原有的材質創意延伸，就能在預算有限的情況下創造新奇立面。它的優點是價格便宜，取材容易，缺點是須再被加工才能成形。價格大約是1才NT.26元。

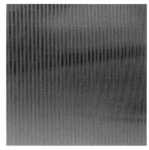

圖片提供__柏成設計

塑料波浪板取材容易，具有耐衝擊、波紋打光很
美等特性，是很棒的玻璃替代材質。

圖片提供＿柏成設計

塑料波浪板的波紋展現光透性，且比玻璃輕盈許多，
即便是便宜的材質也能創造高質感。

9

快速賦予牆面生命的素材

壁紙

Part1
認識壁紙

一般俗稱「壁紙」的壁面裝飾材，是由面與底兩部分組成，若由面來區分，大致可分為壁布、壁紙兩大類，底部則有紙底材或不織布底材等。然而，現代科技推陳出新，無論是表面材質的裝飾藝術愈益精湛，在健康、環保、安全、耐用性等實用價值上，亦不斷技術突破，滿足時代追求的視覺風格，與體貼人性化的產品性能設計為訴求。

現在的壁紙質料不一定是紙，可取材自大自然，如樹枝、草編、麻繩、木皮等，也可以是皮革、布料，或混搭石材壁磚，不同的材質花色互相搭配，可以讓空間更有質感與變化。挑選壁紙為立面材質時，須注意以下幾點：

圖片提供__相即設計

☑ **1 化學物質含量與耐磨係數**

靠近壁紙的材質面，聞一下是否有異味，若氣味較重則有甲醛等揮發性物質含量較高的可能，宜慎選之。或者在店家允許的情況下，以擰乾的濕布稍微擦拭紙面，如果容易出現脫色或脫層現象，則代表其表面層耐磨擦係數較弱。

☑ **2 依空間選擇**

在居家的壁紙採購上，除了可以依照家中的使用特性，挑選較容易清潔擦拭、耐刮磨、防水、阻燃、吸音等效果外，還能依照喜歡的空間氣氛，依照需求尺寸搭配出簡單素雅，或華麗高貴等空間情境。

☑ **3 好清潔**

雖然價格上壁布比壁紙稍貴，但同色系的壁紙和壁布相比，壁布的質感更佳，且近幾年壁布的防潮和防汙處理越來越好，平時用小毛刷清潔髒汙處即可，相較於壁紙更好清理。

風格多元又環保
01 壁紙

| **適合風格** | 各種風格均適用
| **適用空間** | 客廳、餐廳、書房、臥房、兒童房
| **計價方式** | 以捲計價或以碼計價
| **價格帶** | NT.7000 ～ 11700元／碼（進口壁紙）
| **產地來源** | 歐洲、美國、日本、韓國

圖片提供__摩登雅舍室內設計

材質特色

壁紙在居家空間的裝飾上，必須是融入整體環境的背景色，因此「協調性」是搭配的普遍共識。壁紙元素的混搭，可以讓空間顯得更有變化，不會太過單調，可輕鬆活潑，也可華麗典雅，只要搭配得宜，壁紙可以是玩空間的生活家在混搭風潮中所能應用發揮的重點。若是喜歡柔和的鄉村風格，選擇輕柔淡雅、排列有致的小碎花，一眼就給人放鬆隨興的舒適感，呈現出輕鬆溫馨的主調，是壁紙款式中不退流行且廣受歡迎的花色。

種類有哪些

壁紙的結構可分成表面與底材，底材又可分為三大類：PVC塑膠、純紙漿與不織布。PVC底材過去非常普遍，主要因為施作方便，耐久性強。但在環保意識高漲的現代，含有毒物質的PVC未來將逐漸被淘汰。純紙是傳統壁紙的主要底材，對於貼附於特殊造型像是弧形等設計，使用紙質底材的服貼度較好，施作時可直接在底材上漿再貼附於牆上。用來取代純紙底材的不織布，孔隙較大，因此吸收漿糊的速度也較快。

挑選方式

建議在挑選壁紙時親自到展售現場選購，除了表面圖樣及色彩均
勻之外，也要注意選擇透氣性佳、材質天然無異味、手感柔韌的
壁紙材質。而除了壁紙本身的品質之外，施作之前則要留意壁面
是否有壁癌、漏水等問題需要先處理，而不是把壁紙直接貼上遮
掩瑕疵，可是會弄巧成拙的喔！

圖片提供＿摩登雅舍室內設計

創造質感倍增的牆面
02 壁布

| 適合風格 | 各種風格均適用
| 適用空間 | 客廳、餐廳、書房、臥房、兒童房
| 計價方式 | 以捲計價或以碼計價
| 價格帶 | NT.5000 ～ 12500元／碼（進口Ａ級壁布）
| 產地來源 | 歐洲、美國、日本、大陸

圖片提供＿摩登雅舍室內設計

材質特色

過去壁紙與壁布是壁壘分明的二分法，壁紙以紙漿製品為主，壁布的面材則為織品，但兩者都有背材可用漿糊與白膠黏貼於牆上，背材則分為PVC、純紙，以及用來取代紙質背材的不織布。

柔軟的布匹很難固定於牆上，壁布的產生，主要是為了方便將棉、麻、絲等織品的質感與觸感用於牆面裝飾，與壁紙最大的不同，就在於棉、麻、絲，甚至人造絲等織品所造成的視覺效果，可完整呈現布料的溫潤感。

種類有哪些

壁布和壁紙的底材材質相同，使用PVC、純紙和不織布。通常在面材的呈現上，以棉、麻、絲天然材質為多，因為日新月異的技術與設計，許多過去不可能出現的材質例如羽毛、貝殼、樹皮等也被用於牆面裝飾，並且使用了和壁紙、壁布工法相近的施作手法，讓特殊壁材成為非常另類的時尚壁材。

圖片提供__摩登雅舍室內設計

挑選方式

可以依不同空間尺度選擇花色，或請設計師與廠商提供專業建議。一般人對壁布材質了解不多，大部分以花色挑選為主。壁布的施作，通常也委由專業工匠處理，鮮少以DIY形式施作。挑選壁布時，可請廠商解說不同材質（包括面材與底材）在效果與施作、使用上的差異。

Part2
經典立面

巧用壁紙藝術
打造法式浪漫花草系家園

空間面積｜50坪　　**主要建材**｜進口壁紙、線板、玻璃、
超耐磨木地板、復古磚、西班牙進口磁磚、地毯、掛畫

文 **曾令愉**
空間設計暨圖片提供　**摩登雅舍室內設計**

↑ **純白色調詮釋典雅質感** 由於沙發背牆選擇了圖案繁複的壁紙，因此在前方的電視牆及沙發、茶几等傢具的挑選上，均以清爽的白色為主，搭配細膩的雕花線板與文化石，讓空間完美呈現典雅大方的法式經典美學。

← **華麗古典壁紙打造浪漫居** 公共區域規劃為寬敞的開放式格局，並且利用餐櫃設計與壁紙牆面區分餐廳與客廳區域，其中最引人注目的便是客廳沙發背牆的法式花鳥圖騰壁紙，為空間注入唯美又浪漫的藝術氣息。

本案女主人喜歡旅遊，尤其鍾情法國巴黎的莫內花園，氣質婉約的她也是個花草系美人，在舊家時勤快打理了一座生機盎然的小花園，每天漫步花徑之間，是女主人最愛的時光。可惜的是，新家無法像以前一樣在戶外愜意養花蒔草，貼心的設計師為了讓女主人在家中室內也能置身花園般愉悅享受，精心以法式莊園風格為空間定調，打造一座浪漫迷人的花草系居家空間。

但是，要如何在室內空間打造出「花園」的意象呢？設計師的祕密武器，就是活用豐富藝術美感的壁紙元素。在整體格局上，設計師以開放式手法規劃50坪的居家空間，首先在玄關區以清新的檸檬黃開啟美感饗宴，並設置一道收納牆打進入口短廊道，兼顧玄關收納機能與風水考量，再搭配復古花磚，譜成空間的輕快序曲。轉折進入客廳，繁花似錦的景致映入眼簾，純白色沙發後方背牆上，一整片如宮廷花鳥工筆畫的壁紙鋪陳，象徵吉祥的五色鳥躍然枝頭，西洋牡丹花綻放一室燦爛，讓女主人笑說：「每天都好想邀朋友來家裡喝下午茶！」

而私人區域的部分，設計師也運用不同色調與主題的壁紙，為家中成員量身打造。主臥室的淡雅灰藍，女孩房的溫柔藕粉，男孩房的俏皮插畫風，每個房間都有不同的驚喜，讓這個家成了一座滿載甜美故事的祕密花園。

← **點綴花鳥語彙，讓家成為一座小花園** 除了運用壁紙與復古花磚融入花草意象之外，設計師也在空間中搭配了如百科全書圖鑑般的花鳥繪畫創作，筆法細膩且風格清麗脫俗，讓空間不但像花園也像藝術長廊，兼具知性與藝術之美。

→ **小巧玄關展現設計巧思** 由於大門正對落地窗形成穿堂煞，為了化解風水上的疑慮，設計師設置一道隔牆形成小巧的玄關走廊，並且量身打造收納櫃體，再加上復古花磚鋪陳，讓人一進門就感受到濃厚的藝術氣息。

← **清爽灰藍色系構築紓壓空間** 呼應著屋主夫妻優雅而富含知性的氣質，主臥室內以清新的灰藍色調為主題色，除了在寢具及軟件上的搭配，床頭背牆也特別選擇了呼應空間主題的花鳥圖騰，為潔白的主臥室增添一抹淡雅合宜的藝術感。

↓ **溫柔藕粉微漾輕熟心事** 大女兒的臥室以溫柔甜美的藕粉色系為主，床頭主牆選擇細膩手繪風格的花草壁紙，木地板鋪陳舒適質感，並且搭配壁燈點亮柔和氛圍，完美打造專屬女孩與閨密盡情分享心事的小小天地。

↑ **童趣繪本風格啟動想像**　小兒子的臥室則呼應著男孩勇於冒險與探索的精神，選擇帶有濃濃童趣繪本風格的熱氣球
壁紙，並且巧妙搭配熱氣球吊飾，創造虛實相映的美感趣味，為空間帶來豐富的故事想像力。

↗ **巧用花磚呼應花草主題語彙**　由於廚房牆面較不適合運用壁紙進行裝飾，因此設計師以進口花磚打造出拼貼的趣味，
而廚房也成為女主人最愛的空間之一，在美麗的廚房懷著輕鬆愉悅的心情，恣意為家人準備飯菜。

壁紙流行趨勢

進口訂製壁紙與大圖壁面正在流行。隨著社群傳播的發達、出國旅行的便捷
性，人們的視野更加開闊，也更加渴望自己的「家」要有獨一無二的故事與個
性。反映在壁紙運用的趨勢上，近年流行的進口訂製壁紙與大圖壁紙，能夠
為居住者量身打造屬於自己的獨特畫面，讓生命故事如電影鏡頭般，躍上立
面精彩映現。

Part3
設計形式

傳統在壁紙材質的運用上，通常是「一紙到底」，以同一種材質來鋪陳整個空間的區域。但是隨著居家設計觀念的多元變化，再加上壁紙材質在美學質感上的日益精進，如果只是用壁紙發揮修飾牆面的效果，那就太可惜了。透過局部點綴貼飾、視覺聚焦法、異材質混搭法等多樣變化手法，不但能幫助界定空間區域，再搭配燈光、板材裝飾等細膩手法，就能讓壁紙從麻雀變鳳凰，塑造如同精緻藝術作品般的美感，輕鬆打造室內驚豔焦點！

造型&工法

由於壁紙在施作工法上相對容易，因此使用靈活彈性相當大，可依空間屬性需求以及壁紙本身的花色來進行整體搭配比例上的評估。例如純色或較淡雅的小碎花圖騰壁紙，較適合用於全室統一的貼法；但如果是風格較為強烈或材質特殊的壁紙，則建議以單一或局部牆面貼飾，賦予壁紙視覺焦點的美感生命，同時也不會讓整個室內顯得太過壓迫。

圖片提供＿摩登雅舍室內設計

壁紙造型
01 布滿壁面貼法

　　若坪數較小，或者是風格走向較溫馨的空間，建議可採用單一壁紙布滿壁面的貼法，運用單色壁紙作為塗料的替代材質，或者是選用樣式素雅可愛的小碎花壁紙，來為空間營造溫暖甜美的歐式田園、鄉村或美式風格。

　　除了在花樣上要特別注意之外，同時也要留意立面尺寸丈量、轉角處的轉折、收邊收口等細節事項，並且記得將壁紙列為所有施作項目的最後一項，以免其他木作或油漆過程中對壁紙造成汙損。若施作面積較大或缺乏貼壁紙的相關經驗，建議請專業團隊協助施作，以避免貼合過程中產生氣泡、歪斜等失誤。

圖片提供＿＿摩登雅舍室內設計

施工 Tips

1. **注意壁面平整**。施工前須注意牆面整平，避免裂痕、潮濕、壁癌等情況。
2. **注意壁紙花樣對齊**。注意接邊處的花樣是否對齊，以免造成畫面不連續的感覺。
3. **建議請專業工班施作**。天然材質或淺色系的壁紙易呈現接縫，建議尋求專業工班進行施作。

壁紙工法
02 局部點綴貼法

針對風格主題、裝飾性較強烈的壁紙，建議可以採用局部點綴的貼法，將壁紙當作畫布，選擇於空間裡的視覺端景進行施作，例如玄關入口端景、走道端底牆等等，讓壁紙化身為空間的視覺焦點。

除了單一牆面的局部裝飾法之外，另一種常見的手法便是腰帶貼法。壁紙腰帶與常見的磁磚腰帶同樣具有空間分界的功能，同時也有修飾牆面瑕疵的效果。常見的做法是貼在人站立的腰部高度（即80～120公分左右高度處），或者用於牆面與天花板交界處，用來取代線板，都能為空間增添精緻的巧思。

Methods

施工 Tips

1. **依需求選購壁紙腰帶。** 市面上廠商推出多種尺寸規格的壁紙腰帶，可依空間需求選擇。

2. **搭配線板創造風格。** 除了壁紙腰帶本身之外，也可搭配線板加寬視覺效果。

3. **注意收邊細節。** 如果不是使用專用尺寸的壁紙腰帶，那就要更注意收邊的細節。

圖片提供__摩登雅舍室內設計

壁紙造型

03 界定使用空間

開放式空間可以說是當前室內設計格局上的
主流，對小坪數而言可以爭取更完整寬敞的放大
感，而對大豪宅來說則是能保持整體大器的恢弘
氣度。因此，在空間的視覺設計上，更需要一些
巧思營造視覺焦點與層次感。

建議可選擇客廳沙發背牆、餐廳主牆、或臥
室床頭背牆等空間主牆，呼應空間本身的主題調
性，搭配風格搶眼的設計感壁紙，如鄉村風搭配
碎花壁紙，古典風搭配歐式圖騰壁紙等等，透過
壁紙的貼飾錨定空間視覺重心，便能讓整個空間
的層次感躍出，也能達到與其他區域區別的美感
效果。

Methods

施工 Tips

1. **由視覺主牆選擇壁紙。**為了呈
現空間層次，建議由視覺主牆
開始選擇壁紙，再依序配置其
他牆面。

2. **嘗試不同的壁紙搭配。**不同牆
面的壁紙在色彩搭配上可採取
較大膽的跳色，或是以同色系
不同深淺營造和諧層次感。

圖片提供＿摩登雅舍室內設計　　　　　　　圖片提供＿摩登雅舍室內設計

壁紙造型

04 搭配手繪圖

許多屋主在打造自己的小窩時,最注重的就是「獨一無二」,希望能夠創造出只屬於這個家的美麗。而想要達成這個願望,壁紙就是最好的創意揮灑素材。除了市面上既有的壁紙花色選擇之外,也可以透過當代先進的大圖輸出或3D寫真技術,為屋主打造出量身訂做的獨特視覺設計。目前訂製壁紙技術相當發達,甚至可在壁紙上呈現立體刺繡的質感。

除此之外,也有設計師會直接將壁紙當成畫布,將屋主心目中的夢想情境以手繪方式繪製於壁紙上,或者是以壁紙本身的圖樣為基礎,透過手繪增強美感,創造出市面上絕對買不到的獨家創意設計,為居家空間帶來更豐富的故事。

圖片提供＿＿摩登雅舍室內設計

Methods

施工 Tips

1. **注意保持壁面乾淨。**手繪圖具有電腦輸出無法取代的手工溫度質感,可與壁紙及塗料等素材搭配運用,但在作畫時必須保持壁面乾淨,別讓顏料破壞畫面。

2. **貼壁紙為最後一道工程。**施工過程中很容易造成壁紙損傷,因此在施作次序上,應保持以「壁紙置於最後一道工序」的原則進行。

圖片提供＿＿摩登雅舍室內設計

混材

在立面的搭配上，依據空間風格主題的不同，常與壁紙一同出現的材質也有所差異。例如鄉村、歐式古典或美式風格等居家空間，經常以線板搭配壁紙鋪陳出空間中的溫暖樸實調性；而現代風格的空間，則可以結合金屬、鏡面等較偏屬冷調的材質，點綴出空間中的獨特個性。不過，混搭必須從全盤風格進行考量，尤其是壁紙本身的顏色、樣式、圖案大小比例與質感等，是否與預計搭配的元素相呼應，才不會造成突兀感。

壁紙混搭
01 壁紙X板材

在空間立面的塑造上，壁紙與板材可以說是分別扮演著平面與立體兩種視覺效果，將居家空間的立面詮釋為一道最美的風景。在鄉村風、度假風、古典風等歐美調性的空間，壁紙與線板更可說是師出正統的經典裝修元素，以壁紙鋪陳視覺情境後，若能再加上線板細膩收束邊角細節，兩者之間就像是「畫」與「畫框」的關係，讓質感大為提升！例如法式浪漫居家適合搭配花鳥工筆質感的壁紙，結合線條柔美的雕花線板，便能將居家立面打造為一件精緻的藝術創作。

因為壁紙有一定的壽命，需視空間條件及壁紙本身的材質適時更換，且為了避免施工過程中對壁紙造成損傷，因此在施作次序上，應保持以「壁紙置於最後一道工序」的原則進行。如此一來，就能避免在施作板材時，因切割、產生粉塵或震動而不小心損傷壁紙，且壁紙也不會被線板壓住，造成日後無法更換的狀況。

施工 Tips

1. **預留消耗空間。**壁紙黏貼的過程中會產生8〜15%的合理損耗量，購買時應預留此消耗區間。
2. **先塗上清油。**在貼壁紙前先在牆面塗上清油，封住牆底以避免吃膠。
3. **貼壁紙為最後一道工程。**務必將壁紙黏貼置於整個空間最後一道施作順序，避免其他工程髒汙壁紙。

圖片提供＿摩登雅舍室內設計

壁紙混搭
02 壁紙 X 金屬

　　壁紙最令人著迷的地方,就在於它的質地有多元選擇,能夠呈現出一般塗料無法營造的特殊質感。尤其是帶有柔亮光澤的絲緞面壁紙、或是融入金銀箔等華麗質地的藝術壁紙,都能為空間創造驚豔不凡的美感。

　　也因為壁紙本身具有豐富的藝術效果,所以相當適合與鏡面、金屬等材質進行混搭,例如可運用絲絨壁布搭配銅金色復古質感壁飾,或者是在金箔圖騰壁紙上懸掛金屬邊框的藝術畫作,若能再搭配燈光的點綴與暈染,就能夠為空間創造迷人璀璨的華麗宮廷調性。要特別注意的是,使用金箔壁紙應避免使白膠沾染到表面形成霧面膜,將會讓金箔壁紙的光澤失色。另外,也要避免使用硬質刮板,以防止不小心在金屬壁紙表面留下刮痕。

圖片提供＿＿摩登雅舍室內設計

Methods

施工 Tips

1. **注意壁面平整。**若是選用本身帶有金屬質感的壁紙,在施作時應注意壁面務必無粉塵或凹凸,一旦略有不平整之處,貼上金屬壁紙後就會十分明顯。

2. **注意上膠時間。**上膠時間要特別小心,上一幅貼一幅,勿讓紙材泡水時間過長,以免紙材縮水而造成金屬部分產生氣泡或縮邊、變形的問題。

3. **不要使用黏貼式掛勾。**倘若要在壁紙牆面上增添金屬壁飾,則要特別注意壁紙結構承重問題,在懸掛方式建議以鎖鉤為主,儘量不要使用黏貼式掛勾,以避免壁紙脫落的問題。

圖片提供__摩登雅舍室內設計

Part4
替代材質

市面上壁紙的選擇已經相當多元化，在品質與耐用程度上也大幅提升，但是壁紙仍會有受潮的問題，針對較潮濕的環境，建議避免使用壁紙。另外，壁紙依然使用年限上的考量，一般而言，選擇品質優良的壁紙，並注重施工過程的話，壁紙的壽命可長達十年之久，但仍可能會受到太陽照射褪色、潮濕環境導致紙面發黃或邊角翹起等影響。

若受限於空間本身的先天條件，或者想要避免壁紙後續保養更換的問題，卻又希望能夠達到壁紙的美感效果，建議可選擇仿飾磚材或特殊質感塗料作為替代材質，也能為空間立面創造豐富的表情。

01 仿布紋磚

仿布紋磚是一種石英磚材，其表面經過特殊處理，形成如針織、棉布或麻布般凹凸細緻的觸感，在視覺上亦逼近真正的布料材質，打破一般人對於磚材冰冷堅硬的印象，能為空間帶來柔和的氛圍。因此，針對一些室內環境較潮濕的臥室或書房，或者是牆面鄰近廁所而易有受潮或壁癌疑慮的立面，不妨選用此種仿布紋磚來模擬壁紙的質感，雖無法完全達到溫暖的觸感，但在視覺上幾可亂真。或者可以採用活潑的拼貼手法，讓立面呈現如拼布地毯爬上牆面般的趣味效果。就價格而言，目前國內外均有不少仿布紋磚產品可供選擇，平均整體價格帶仍高於壁紙，施工程序上也較為費工耗時。但是就耐用程度及保養清潔而言，磚材的壽命確實更有優勢，端看消費者如何評估與取捨。

圖片提供__摩登雅舍室內設計

仿布紋磚在視覺上逼近真正的布料材質，打破一般人對於
磚材冰冷堅硬的印象，能為空間帶來柔和的氛圍。

圖片提供＿摩登雅舍室內設計

選用仿布紋磚來模擬壁紙的質感，雖無法完全達到溫
暖的觸感，但在視覺上幾可亂真。

02 塗料

　　塗料與壁紙向來是人們考慮立面材質時的兩大競爭對手，不少人心儀於壁紙的多元質地與藝術效果，卻又擔憂，假設日後想改為油漆塗料時，就得要全面翻新批土。其實，塗料的發展也是突飛猛進，例如近年由國外引進並逐步風靡室內設計圈的仿飾漆，其優勢在於運用範圍廣泛，基本上只要有正確的底漆為基礎，便可做出仿石材、仿木質、仿布料甚至是青銅、仿舊等特殊的質感。以仿布紋漆為例，在工法上主要是以噴槍製造出布紋織理，用滾筒壓扁乾燥後再上乳膠漆，最後上一層透明漆加以防塵保護即大功告成。除了風格多樣化之外，因其屬於水性塗料，在環保及安全考量上也較一般油漆塗料更有優勢。而在價格上，目前國內外均有大廠牌推出織紋漆、金屬漆等系列的產品，適合一般消費者選購使用；但若是對空間美感較為講究，則仍建議尋求專業仿飾漆團隊施作，能得到更完美的手感效果。

圖片提供__FUGE馥閣設計

仿布紋漆的工法，主要是以噴槍製造出布紋織理，用滾筒壓扁乾燥後
再上乳膠漆，最後上一層透明漆加以防塵保護即大功告成。

圖片提供__摩登雅舍室內設計

仿布紋漆除了風格多樣化之外，因其屬於水性塗料，
在環保及安全考量上也較一般油漆塗料更有優勢。

Material 010

室內立面材質設計聖經
造型設計 X 混搭創意 X 工法收邊
頂尖設計師必備

作者｜漂亮家居編輯部
責任編輯｜陳顗如
採訪編輯｜陳淑萍、陳婷芳、陳顗如、曾令愉、詹玲鳳、劉綵荷
封面設計｜王彥蘋
美術設計｜王彥蘋

發行人｜何飛鵬
總經理｜李淑霞
社長｜林孟葦
總編輯｜張麗寶
副總編輯｜楊宜倩
叢書主編｜許嘉芬

出版｜城邦文化事業股份有限公司 麥浩斯出版
地址｜104 台北市中山區民生東路二段 141 號 8 樓
電話｜02-2500-7578
E-mail｜cs@myhomelife.com.tw

發行｜英屬蓋曼群島商家庭傳媒股份有限公司城邦分公司
地址｜104 台北市民生東路二段 141 號 2 樓
讀者服務專線｜0800-020-299 （週一至週五 AM09:30 ～ 12:00；PM01:30 ～ PM05:00）
讀者服務傳真｜02-2517-0999
E-mail｜service@cite.com.tw
劃撥帳號｜1983-3516
劃撥戶名｜英屬蓋曼群島商家庭傳媒股份有限公司城邦分公司

香港發行｜城邦（香港）出版集團有限公司
地址｜香港灣仔駱克道 193 號東超商業中心 1 樓
電話｜852-2508-6231
傳真｜852-2578-9337

馬新發行｜城邦（馬新）出版集團 Cite (M) Sdn. Bhd
地址｜41, Jalan Radin Anum, Bandar Baru Sri Petaling,
57000 Kuala Lumpur, Malaysia.
電話｜603-9057-8822
傳真｜603-9057-6622

總經銷｜聯合發行股份有限公司
電話｜02-2917-8022
傳真｜02-2915-6275

製版印刷｜凱林彩印股份有限公司
版次｜2019 年 5 月初版一刷
定價｜新台幣 550 元

國家圖書館出版品預行編目 (CIP) 資料

室內立面材質設計聖經：造型設計 X 混搭創意
X 工法收邊 頂尖設計師必備 / 漂亮家居編輯
部著 . -- 初版 . -- 臺北市：麥浩斯出版：家庭
傳媒城邦分公司發行 , 2019.05
　面；　公分 . -- (Material；10)
ISBN 978-986-408-486-9(平裝)

1. 室內設計 2. 建築材料

441.53　　　　　　　　108004363